滨州市
农业外来入侵物种发生与防治

樊平 宋芸 等著

中国农业科学技术出版社

图书在版编目（CIP）数据

滨州市农业外来入侵物种发生与防治 / 樊平等著.
北京：中国农业科学技术出版社，2024.9. -- ISBN 978-7-5116-7003-8

Ⅰ.S186；S433

中国国家版本馆CIP数据核字第20246SZ189号

责任编辑	王惟萍
责任校对	王　彦
责任印制	姜义伟　王思文

出 版 者	中国农业科学技术出版社
	北京市中关村南大街12号　邮编：100081
电　　话	（010）82106643（编辑室）　（010）82106624（发行部）
	（010）82109709（读者服务部）
网　　址	https://castp.caas.cn
经 销 者	各地新华书店
印 刷 者	北京捷迅佳彩印刷有限公司
开　　本	170 mm × 240 mm　1/16
印　　张	11.5
字　　数	213千字
版　　次	2024年9月第1版　2024年9月第1次印刷
定　　价	68.00元

◆ 版权所有·侵权必究 ◆

《滨州市农业外来入侵物种发生与防治》

著者名单

樊　平	宋　芸	王　慧	张艳军	刘红梅
孙文霞	韩莉莉	刘振霞	谢英杰	李睿颖
高晶晶	张海芳	曹忠新	赵永红	位国峰
王世仙	孙文丽	付春香	高迎春	王滨杰
王学忠	王立仙	张翠玉	张密密	张　勇
李慧雷	赵　菲	商艳兰	徐清来	赵俊俊
安克锐	钟　频	纪　霞	李玉栋	杨　坤
张泽恺	张乃芹			

前言 PREFACE

外来生物入侵是当今世界最棘手的三大环境难题（生物入侵、全球气候变化和生境破坏）之一。入侵的外来物种可能对当地生态系统、物种和栖境造成威胁或危害，损害农林牧渔业的可持续发展和生物多样性，威胁国家生态安全、生物安全和粮食安全。滨州市作为山东省的重要粮食主产区，其农业生产活动频繁且多样化，外来入侵物种传入对滨州市农业生态系统安全的威胁日益严峻。2022年，滨州市按照农业农村部、自然资源部、生态环境部、海关总署和国家林草局五部门联合印发的《进一步加强外来物种入侵防控工作方案的通知》（农科教发〔2021〕1号）具体要求以及《全国外来入侵物种普查总体方案》和《山东省外来入侵物种普查工作方案》的要求，以习近平生态文明思想为指导、以国家生态文明建设为导向、以保护农业生物多样性和粮食安全为目标，为全面摸清农业农村领域外来入侵物种的种类和重点外来入侵物种空间分布、发生面积与危害状况，组织开展了农业外来入侵物种普查工作。这项工作的开展对于外来入侵物种的有效防治，对于保障滨州市农业可持续发展具有重要意义。

《滨州市农业外来入侵物种发生与防治》一书，对滨州市农业外来入侵物种的种类、发生分布及危害特征进行了全面分析总结，介绍了主要外来入侵植物和病虫害识别特征及防治措施，并根据滨州市农业外来入侵物种发生现状给出了相应的防控对策建议。本书共4章：第一章介绍滨州市自然地理条件及农业生产、社会经济状况；第二章介绍滨州市农业外来入侵物种的总体发生情况，分为植物和病虫害两大类别进行了物种组成、分布及危害程度的分析；第三章介绍滨州市各区县农业外来入侵物种的发生现状，从入侵风险等级、种群盖度、分布特征、发生生境等方面对滨州市各区县的外来物种发生情况、危害程度作了综合分析；第四章概述主要外来入侵物种的识别特征及防治措施。本书旨在通过对滨州市农业外来入侵物种发生现状的分析，引起广大读者的关注与重视，普及重要外来入侵物种的识别技术与防控措施，为相关工作人员和广大人民群众提供一些参考依据，提高公众的认知度和参与度，形成全社会共同参与、共同防治的良好氛围，达到加强外来入侵物种科普宣传的目的。

著 者

2024年7月

目 录 CONTENTS

第一章　滨州市概况 ·· 1

　第一节　自然地理条件 ·· 3
　第二节　农业生产和社会经济状况 ·································· 4

第二章　滨州市农业外来入侵物种发生与分布现状 ······················ 5

　第一节　滨州市外来入侵物种调查 ·································· 7
　第二节　滨州市农业外来入侵物种总体情况 ·························· 12
　第三节　滨州市重点外来入侵物种分布现状 ·························· 23

第三章　滨州市各区县农业外来入侵物种发生现状 ······················ 33

　第一节　博兴县 ··· 35
　第二节　邹平市 ··· 40
　第三节　无棣县 ··· 46

第四节　滨城区 …… 52
第五节　惠民县 …… 57
第六节　沾化区 …… 63
第七节　阳信县 …… 68

第四章　滨州市农业外来入侵物种识别特征及防治措施 …… **75**

第一节　滨州市主要农业外来入侵植物识别与防治 …… 77
第二节　滨州市主要农业外来入侵病虫识别与防治 …… 127
第三节　滨州市农业外来入侵物种防控对策与建议 …… 141

附录（彩图） …… **143**

附录1　滨州市重点农业外来入侵物种分布图 …… 145
附录2　滨州市主要农业外来入侵物种图鉴 …… 148

第一章

滨州市概况

《滨州市农业外来入侵物种发生与防治》

《滨州市农业外来入侵物种发生与防治》

第一节 自然地理条件
第二节 农业生产和社会经济状况

第一章 滨州市概况

第一节 自然地理条件

滨州市位于山东省北部，地处黄河三角洲腹地，渤海湾西南岸。全市境域横跨黄河南北，位于北纬36°41′19″~38°16′14″，东经117°15′27″~118°37′03″。北通大海，东临东营市，南连淄博市，西南与济南市交界，西与德州市接壤，西北隔漳卫新河与河北省沧州市相望。南北最长纵距175 km，东西最大跨径120 km，总面积9 660 km²。

在地质方面，滨州市处于华北新生代沉降区东南部的济阳拗陷中。新生代的下覆基岩是古生代的沉积地层和前震旦纪变质岩系，由数条自北向东断裂带分割成几个小的断块，基本无中生代地层，新生代地层直接覆盖于古生代地层之上，断块凹陷形成新生代凹陷盆地，沉积全套巨厚的新生代地层。

在地貌方面，滨州市地势南高北低，大致由西南向东北倾斜，渐次过渡到大海。以小清河为界，全境呈现南北两种不同类型的地貌特征。小清河以南的邹平市南部长白山脉属泰沂山区北麓的低山丘陵区，地势高峻。小清河以北为黄河冲积平原，海拔高程一般在1~20 m，总体上地势低平。

在气候方面，滨州市地处中纬度，属东亚暖温带亚湿润大陆性季风气候区，因受太阳辐射、季风和自然地理环境影响，形成四季分明、气候温和的基本气候特征。2022年，全市平均降水量896.2 mm，年平均气温14.5℃，平均日照时数2 378.8 h。综合全年气候条件对农业生产的影响，属正常年份。

滨州市可以分为平原县区和沿海县区，平原县区的地貌特征是黄河冲积平原和黄泛平原，这是由于黄河冲积扇的顶点在滨州市境内，黄河三角洲70%的地域在滨州，主要分布在滨城、惠民、阳信、无棣和沾化5县区。沿海县区的海岸线曲折绵延，有贝砂堤、沙滩海岸和泥沙海岸3种类型，其中沾化区北部和无棣县北部主要为贝砂堤，无棣县东南部和沾化区东南部主要为泥沙海岸，无棣县中部和惠民县东部主要为沙滩海岸。

另外，滨州市还有丰富的海洋资源，近海海域内有各种经济鱼类、贝类、海珍品和藻类等，并且滨州市的土地资源也很丰富，包括耕地、林地和草地等。

第二节　农业生产和社会经济状况

滨州市的社会经济状况呈现出稳定发展的趋势。根据地区生产总值统一核算结果，2022年全市实现生产总值2 975.15亿元，按不变价格计算，比上年增长3.9%。从产业看，第一产业增加值296.79亿元，比上年增长4.5%；第二产业增加值1 266.69亿元，比上年增长3.0%；第三产业增加值1 411.67亿元，比上年增长4.4%。在工业方面，滨州市的工业经济运行平稳，初步预计，规模以上工业营业收入突破9 000亿元，增加值比上年增长1.7%。在服务业方面，1—11月，规模以上服务业营业收入同比增长20.3%。在投资方面，滨州市的固定资产投资稳步增长，固定资产投资比上年增长14.1%。在消费方面，滨州市的市场消费规模扩大，实现社会消费品零售总额820.70亿元，比上年下降0.3%，其中限额以上消费品零售额增长4.7%。此外，进出口总额1 227.14亿元，比上年增长19.3%。完成一般公共预算收入275.66亿元，比上年下降4.1%，扣除留抵退税因素后同口径增长5.3%。全体居民人均可支配收入34 099元，比上年增长5.3%。其中，城镇居民增长4.5%，农村居民增长6.4%。

滨州市的农业生产总体上呈现出稳中向好的趋势，农产品供应充足。2022年，农林牧渔业实现总产值596.74亿元，比上年增长5.7%。在粮食生产方面，滨州市再获丰收，粮食播种面积883.3万亩（1亩≈667 m²），单产424.9 kg/亩，总产量375.3万t，比上年分别增长0.1%、0.7%、0.8%。其中夏粮总产量188.2万t，增长0.3%，单产445.8 kg/亩，增长0.3%；秋粮总产量187.1万t，增长1.4%，单产405.7 kg/亩，增长1.1%。在畜牧业方面，滨州市的畜牧养殖规模化水平稳步提升。完成畜牧招商项目21个，已签约并落地15个，到位资金16.6亿元。全市畜牧规模化养殖占比达83%，畜牧业产值690亿元，完成全年目标任务的61%。猪牛羊禽肉产量58.0万t，增长2.7%。重要农产品供给保障有力，蔬菜总产量179.50 t，增长2.4%；水果产量79.52万t，增长1.9%；水产品总产量55.15万t，增长4.0%。此外，滨州市还着力推广农药化肥减量、农业废弃物综合利用技术，测土配方施肥415万亩、水肥一体化15万亩、病虫害统防统治358万亩次。

第二章

滨州市农业外来入侵物种发生与分布现状

《滨州市农业外来入侵物种发生与防治》

《滨州市农业外来入侵物种发生与防治》

第一节 滨州市外来入侵物种调查
第二节 滨州市农业外来入侵物种总体情况
第三节 滨州市重点外来入侵物种分布现状

第二章 滨州市农业外来入侵物种发生与分布现状

第一节 滨州市外来入侵物种调查

根据山东省农业农村厅印发的《山东省农业外来入侵物种普查面上调查实施方案》（鲁农科教字〔2022〕42号）以及滨州市农业外来入侵物种普查实施方案的具体要求，结合滨州市农业和林业生产情况以及已有的外来入侵物种发生情况，组织开展相关工作，按照任务清单，此次普查工作逐一开展了以下实施内容：

一、调查对象和目标

调查对象包括农业外来入侵植物、农作物外来入侵病虫害和外来入侵水生动物3大类。在山东省滨州市开展调查，针对农田、果园、林地、草原、湿地、池塘等不同生态系统，以及其他农业农村重点区域，靶向入侵植物、入侵病虫害以及入侵水生动物，全面摸清滨州市农业农村领域外来入侵物种的种类和重点外来入侵物种发生与危害状况，明确主要入侵物种的寄主范围、分布区域/地点、生境类型、发生危害面积等，深入研判外来入侵物种主要传播扩散途径、风险等级和扩散蔓延趋势。

二、调查范围

调查范围包括农田生态系统、渔业水域等区域，重点普查农业农村区域，包括耕地、园地、城镇村及工矿用地、交通运输用地、水域及水利设施。

三、调查内容

外来入侵病虫害：种类、空间分布、病情指数、防治措施、社会经济和生态损失。

外来入侵植物：种类、空间分布、盖度、面积、危害程度、防治措施、社会经济和生态损失。

外来入侵水生动物：种类、空间分布、发生区域、发生面积、防治措施、社会经济和生态损失。

四、踏查与标准样地踏查

（一）外来入侵物种清查名单

清查名录共277种，其中入侵植物181种、入侵病害25种、入侵病毒7种、入侵虫害52种、入侵线虫6种、入侵螨类1种、入侵水生动物5种。

物种具体名录如下：

入侵植物（181种）：阿拉伯婆婆纳、凹头苋、白苞猩猩草、白车轴草、白花草木樨、白苋、白芥、斑地锦草、北美独行菜、北美海蓬子、北美苋、蓖麻、草胡椒、草木樨、橙红茑萝、齿裂大戟、垂序商陆、刺果瓜、刺槐、刺苋、葱莲、粗毛牛膝菊、大花金鸡菊、大狼耙草、大麻、大米草、大藻、大爪草、待宵花、豆瓣菜、毒麦、钝叶决明、多花百日菊、多花黑麦草、鹅肠菜、反枝苋、肥皂草、凤眼蓝、光梗蒺藜草、鬼针草、海滨月见草、含羞草、合被苋、黑麦、黑麦草、红车轴草、红花酢浆草、虎尾草、互花米草、续断菊、槐叶决明、黄顶菊、黄花稔、黄花月见草、灰绿藜、火炬树、藿香蓟、加拿大一枝黄花、加拿大早熟禾、假苍耳、假酸浆、剑叶金鸡菊、绛车轴草、节节麦、韭莲、菊苣、菊芋、孔雀草、苦苣菜、苦蘵、老枪谷、老鸦谷、鳢肠、黄秋英、瘤梗甘薯、落地生根、绿独行菜、绿穗苋、马利筋、马缨丹、麦蓝菜、麦仙翁、曼陀罗、芒苞车前、芒颖大麦、毛曼陀罗、毛酸浆、北美苍耳、密花独行菜、南苜蓿、牛茄子、牛膝菊、欧黑麦草、欧洲千里光、婆婆纳、婆婆针、铺地黍、匍匐大戟、荞、牵牛、青葙、苘麻、秋英、球序卷耳、三裂叶豚草、山扁豆、阔叶丰花草、山桃草、珊瑚樱、石茅、矢车菊、菽麻、霜毛婆罗门参、水飞蓟、水茄、苏丹草、苏门白酒草、梯牧草、天人菊、田春黄菊、田菁、通奶草、土荆芥、土人参、豚草、弯曲碎米荠、弯穗草、万寿菊、望江南、蚊母草、无瓣繁缕、五叶地锦、稀脉浮萍、喜旱莲子草、细叶旱芹、仙人掌、苋、腺龙葵、香附子、香丝草、小花山桃草、小藜、小蓬草、小酸浆、小酸模、新疆白芥、猩猩草、熊耳草、燕麦草、洋金花、野甘草、野胡萝卜、野老鹳草、野牛草、野西瓜苗、野燕麦、叶子花、一年蓬、意大利苍耳、银边翠、银胶菊、银毛龙葵、印度草木樨、印加孔雀草、幽狗尾草、圆叶牵牛、月见草、杂配藜、杂种车轴草、长春花、长芒苋、长柔毛野豌豆、长叶车前、长叶水苋菜、皱果苋、猪屎豆、竹节水松、紫茉莉、苜蓿、紫穗槐、钻叶紫菀。

入侵病害（25种）：大豆疫霉病菌、番茄细菌性溃疡病菌、番茄细菌性叶斑病菌、甘薯长喙壳菌、瓜类果斑病菌、黄瓜黑星病菌、畸形外囊菌、辣椒细菌性斑点病菌、栗疫病菌、芦笋茎枯病菌、落叶松枯梢病菌、马铃薯环腐病菌、马铃薯晚疫病菌、美澳型核果褐腐病菌、猕猴桃细菌性溃疡病菌、棉花黄萎病菌-大丽轮枝孢、棉花黄萎病菌-黑白轮枝孢、棉花枯萎病菌、泡桐丛枝病植原体、苹果黑星病菌、十字花科黑斑病菌、水稻白叶枯黄单胞杆菌、松疱锈病菌、烟草疫霉病菌、杨树大斑溃疡病菌。

入侵病毒（7种）：番茄黄化曲叶病毒、番茄褪绿病毒、黄瓜绿斑驳花叶病毒、李属坏死环斑病毒、烟草环斑病毒、烟草轻型绿花叶病毒、杨树花叶病毒。

入侵虫害（52种）：澳洲大蠊、巴西豆象、蚕豆象、草地贪夜蛾、赤足郭公虫、吹绵蚧、刺槐突瓣细蛾、刺槐叶瘿蚊、大豆荚瘿蚊、稻水象甲、德国小蠊、高粱瘿蚊、谷斑皮蠹、谷蠹、谷象、红圆皮蠹、咖啡豆象、梨瘤蚜、栗苞蚜、马铃薯块茎蛾、麦蛾、美国白蛾、美洲斑潜蝇、美洲大蠊、米扁虫、红铃麦蛾、苜蓿籽蜂、南美斑潜蝇、苹果绵蚜、苹果小吉丁虫、葡萄根瘤蚜、日本双棘长蠹、日本松干蚧、四纹豆象、松针鞘瘿蚊、泰加大树蜂、豌豆象、温室白粉虱、西花蓟马、香蕉球茎象甲、小圆皮蠹、悬铃木方翅网蝽、烟草甲、烟粉虱、一点谷螟、意大利蜂、印度谷螟、杂拟谷盗、皂角豆象、蔗扁蛾、紫穗槐豆象、桧柏木坚蚜。

入侵线虫（6种）：大豆胞囊线虫、腐烂茎线虫、鳞球茎茎线虫、水稻干尖线虫、松材线虫、小麦孢囊线虫。

入侵螨类（1种）：二斑叶螨。

入侵水生动物（5种）：鳄雀鳝、红耳彩龟（巴西龟）、克氏原螯虾、牛蛙、鳄龟（包含真鳄龟和蛇鳄龟两个亚种）。

（二）实地踏查方法

按照人员分工和踏查路线，参考山东入侵物种名录，开展覆盖全乡镇的外来入侵物种踏查。调查每个踏查点入侵植物群落类型的复杂程度、扩散途径等生物学特性以及外来入侵病虫害在区县的种类、分布和发生情况，兼顾普查单元内周边其他生境、关键节点和重点区域。对受人为干扰严重的、生物多样性差的、生态环境简单的农业有害生物频发生境进行重点踏查。

踏查综合采用平行线法、三线法、对角线法、"Z"形法等人工踏查方法。踏查以踏查点为基本单位，对每个踏查点进行地理坐标定位，详细记录踏查点地理坐标、面积、生境类型、主要入侵物种名称、发生面积、危害对象及危害程度等信息，并确定是否设置调查标准样地。

（三）标准样地踏查方法

根据踏查结果，对已知外来入侵物种的严重危害区域和未列入清单的新发物种发生区域，设立农业外来入侵植物、农作物外来入侵病虫害标准样地或外来入侵水生动物标准样地，调查掌握外来入侵物种的危害程度。设置调查样地，记录标准样地的生境类型、入侵物种名称、危害对象等调查数据。

1. 入侵植物

对农业外来入侵植物的标准样地踏查采用代表性样方设置的样方调查方法完成，主观地将样方设置在有代表性的区域和某些特殊的区域。入侵杂草调查的标准样地面积≥1亩，同一种杂草的相同生境调查样地之间的间隔不少于1 km。根据农业外来入侵植物的发生生境选择合适的样方规格，样方大小通常为1 m^2。在每个生境内设置3~5个样方，每两个样方之间的距离应不小于10 m。

2. 入侵病虫害

根据实地踏查结果，确定标准样地踏查的对象，选择典型危害区域，设置标准样地。根据外来入侵病虫害的实际危害形势及危害生境类型确定标准样地面积。为明确农作物外来入侵病虫害的危害程度和危害面积在标准样地采用样方法进行调查，记录物种危害生境类型、物种名称、危害对象、调查株数、受害株数、危害率等调查数据。在每块标准样地内设置3~5个样方，样方面积为1 m^2或10株/丛，记录作物总株数和受害株数，计算危害率。

3. 入侵水生动物

河流、水库、湖泊、湿地等的调查方法：现场收集该采样点渔民的渔获物，或由调查人员布置流刺网、定置刺网、地笼等网具现场捕捞并进行调查。

水田、沟渠调查方法：现场采集外来入侵水生动物，每个样方每种外来入侵水生动物采集样本10尾（只），少于10尾（只）的全部取样，测量壳高/体长、体重等，记录其危害对象，计算种群密度，并对样本进行拍照。

五、标本制作与物种鉴定

在实地踏查或样地调查过程中发现非本地、不在调查名录里的、在当地形成危害的、大面积发生的，实地不能鉴定的物种或当地不具备鉴定条件的，应按照相应的技术规范采集和制作标本，以便长期保存或送专业机构鉴定。

（一）入侵植物标本采集、制作与鉴定

1. 标本采集

（1）选择有代表性特征、无病虫的植株或部分进行采集，尽可能采集花、果、根、茎、叶全生育期各部分形态特征完全的标本，任何部分有形态生长异常的植株不宜用于制作标本。地下部分有变态根或变态茎的，应一并挖出。

（2）植物体过大，采集全株不便制作标本的，可采集长度30~50 cm的一段典型部位（如带有花、果、叶的枝条），并挖取根部。

（3）采集雌雄异株或单性花、雌雄同株的植物标本时，雌花和雄花均应采集。

（4）采集水生植物时，应尽可能采集到其根部。

（5）采集寄生或附生植物时，应将寄/附主上被寄/附生的部分同时采下来，分别注明寄/附生植物及寄/附主植物，并记录寄/附主植物的种类、形态、寄/附生位置以及对寄/附生植物的影响等。

（6）采集时应进行编号，并详细记录采集人、采集地点、采集时间、经纬度、海拔、采集生境、当地俗名等信息，填写《农业外来入侵植物标本采集记录表》。

2. 标本制作

为便于鉴定和长期保存，对野外采集的农业外来入侵植物，应根据植物不同类型选择合适的标本制作方式，包括制成腊叶标本、浸液标本或风干标本等。

3. 标本鉴定

对于野外无法确定的植物种类，应将标本送至本地专家处或省级以上鉴定机构进行鉴定。鉴定单位应保存1份物种标本，所有保存的标本将用于普查结果质控核查。相关鉴定人员或机构对各地送检的标本进行鉴定后，要出具相应的鉴定报告，注明样品采集人、采集地点、鉴定方法、鉴定人、鉴定日期等详细信息。

（二）入侵病虫害标本采集、制作与鉴定

1. 标本采集

（1）病害：采集植物病害样品应选取植物发病部位，如叶片、茎秆、穗部、种子等，制成标本，填写相应的表格和采集标签。对于现场无法鉴定的病害，需将采集的新鲜样本连同采集标签，通过冷链快递给专业鉴定机构。每个标准样地的每种病害样品应不少于3份。

（2）虫害：采集植物虫害样品应尽量选取全虫态标本，重点是成虫标本。如果仅有幼虫，可随寄主植物带回饲养，待羽化后鉴定种类。对于现场不能确定的外来入侵昆虫，应采集卵、幼虫或若虫、蛹、成虫等虫态。卵、幼虫或若虫可采用95%乙醇浸泡；高龄若虫和蛹可带回室内饲养至羽化，成虫用75%乙醇浸泡或三角袋包装等，待进一步开展分子鉴定或形态鉴定。每个样地的样品数量原则上不少于3份，每份不少于20头，少于20头的全部取样。

对于野外无法确定的入侵病虫害种类，应送至省级以上机构或专家进行鉴定。标本鉴定采用传统形态学方法和现代分子生物学手段。对于野外采集的成虫标本，根据形态特征或利用分子生物学方法进行鉴定；对于尚不具备明显特征的幼虫、蛹或病原物等，可通过饲养或实验室培养获得鉴定特征后进行种类鉴定。相关鉴定机构对各地送检的标本进行鉴定后，要出具相应的鉴定报告，注明样品采集人、采集地点、寄主植物、鉴定方法、鉴定人、鉴定日期等详细信息。

2. 标本制作

（1）病害标本制作。①标本现场压制。标本采集时，应在现场边采集边压制，将标本充分展开、摊平在标本纸上，再用标本夹压制、捆好，最大限度保持标本原貌。②标本干燥处理。用于病原物分离的标本，严禁烘干，将田间压制的标本保存在标本夹中，前3天每天换标本纸2次，以后每天换1次直到完全干燥。不用于病原物分离的标本，可压在标本纸中，每个标本上下均放置瓦楞纸便于受热均匀，使用烘箱50℃烘干后保存。

（2）虫害标本制作。将冻存管中75%乙醇浸泡的虫害标本取出，待虫体稍干燥后即可制作针插标本。三角袋保存的标本需要先回软后再进行标本的制作。标本制作时需在虫体尚没有僵硬前进行整姿。对于需要展翅的标本，将虫体展翅充分干燥定型后，添加采集信息标签。依据虫害的种类和个体大小可选择制作针插标本、粘贴标本和浸液标本。

第二节　滨州市农业外来入侵物种总体情况

在山东省277种外来入侵物种中，滨州市目前共发现91种，占总数的32.8%。

其中外来入侵植物73种,在山东省181种外来入侵植物中,占40.3%;外来入侵病虫害16种,在山东省91种入侵病虫害中,占17.6%;外来入侵水生动物2种,在山东省5种入侵水生动物中,占40%。

一、滨州市农业外来入侵植物种类及其组成

滨州市目前共发现外来入侵植物73种,分别属于16科47属,其中菊科、禾本科、豆科植物较多,菊科植物(24种)占发现入侵植物的32.9%,禾本科植物(12种)占发现入侵植物的16.4%,豆科有9种,占发现入侵植物的12.3%。大戟科、禾本科、茄科均有4种,十字花科和锦葵科均有3种,伞形科和旋花科各有2种,车前科、蓼科、柳叶菜科、商陆科、大麻科和莎草科都只有1种。

滨州市73种入侵植物,包括反枝苋Amaranthus retroflexus L.、皱果苋Amaranthus viridis L.、苦苣菜Sonchus oleraceus L.、钻叶紫菀Symphyotrichum subulatum (Michx.) G. L. Nesom、圆叶牵牛Ipomoea purpurea (L.) Roth、牵牛Ipomoea nil (L.) Roth、苏门白酒草Erigeron sumatrensis Retz.、黄顶菊Flaveria bidentis (L.) Kuntze、小藜Chenopodium ficifolium Sm.、杂配藜Chenopodiastrum hybridum (L.) S. Fuentes, Uotila & Borsch、菊芋Helianthus tuberosus L.、鬼针草Bidens pilosa L.、香附子Cyperus rotundus L.、婆婆针Bidens bipinnata L.、意大利苍耳Xanthium strumarium subsp. italicum (Moretti) D. Löve、鳢肠Eclipta prostrata (L.) L.、大狼杷草Bidens frondosa L.、垂序商陆Phytolacca americana L.、苘麻Abutilon theophrasti Medikus、凹头苋Amaranthus blitum L.、小蓬草Erigeron canadensis L.、秋英Cosmos bipinnatus Cav.、野西瓜苗Hibiscus trionum L.、续断菊Sonchus asper (L.) Hill、北美苋Amaranthus blitoides S. Watson、苋Amaranthus tricolor L.、苜蓿Medicago sativa L.、黄花稔Sida acuta Burm. F.、长芒苋Amaranthus palmeri S. Watson、灰绿藜Oxybasis glauca (L.) S. Fuentes, Uotila & Borsch、曼陀罗Datura stramonium L.、钝叶决明Senna obtusifolia (L.) H. S. Irwin & Barneby、蓖麻Ricinus communis L.、野胡萝卜Daucus carota L.、节节麦Aegilops tauschii Coss.、杂种车轴草Trifolium hybridum L.、白车轴草Trifolium repens L.、红车轴草Trifolium pratense L.、北美独行菜Lepidium virginicum L.、密花独行菜Lepidium densiflorum Schrad.、小酸浆Physalis minima L.、黑麦草Lolium perenne L.、一年蓬Erigeron annuus (L.) Pers.、香丝草Erigeron bonariensis L.、荠Capsella bursa-pastoris (L.) Medik.、刺槐Robinia pseudoacacia L.、绿穗苋Amaranthus hybridus L.、万寿菊Tagetes erecta L.、苦蘵Physalis angulata L.、多

花百日菊*Zinnia peruviana* L.、大麻*Cannabis sativa* L.、黄秋英*Cosmos sulphureus* Cav.、南苜蓿*Medicago polymorpha* L.、野燕麦*Avena fatua* L.、合被苋*Amaranthus polygonoides* L.、多花黑麦草*Lolium multiflorum* Lamk.、小花山桃草*Oenothera curtiflora* W. L. Wagner & Hoch、斑地锦草*Euphorbia maculata* L.、小酸模*Rumex acetosella* L.、紫穗槐*Amorpha fruticosa* L.、草木樨*Melilotus suaveolens* Ledeb.、豚草*Ambrosia artemisiifolia* L.、加拿大一枝黄花*Solidago canadensis* L.、毛曼陀罗*Datura innoxia* Mill.、细叶旱芹*Cyclospermum leptophyllum*（Pers.）Sprague ex Britton & P. Wilson、剑叶金鸡菊*Coreopsis lanceolata* L.、北美车前*Plantago virginica* L.、大花金鸡菊*Coreopsis grandiflora* Hogg ex Sweet、通奶草*Euphorbia hypericifolia* L.、藿香蓟*Ageratum conyzoides* L.、齿裂大戟*Euphorbia dentata* Michx.、天人菊*Gaillardia pulchella* Foug.、互花米草*Spartina alterniflora* Loisel.。

根据《全国外来入侵物种清单及其风险管理等级》名录以及入侵植物生物学特征和生态学特性、原产地自然地理分布信息、入侵范围、对入侵地生态环境的危害和对国民经济产生的影响等,将滨州市73种农业外来入侵植物划分为5个等级。其中,一级入侵物种5个,包括大狼耙草*Bidens frondosa* L.、黄顶菊*Flaveria bidentis*（L.）Kuntze、互花米草*Spartina alterniflora* Loisel.、豚草*Ambrosia artemisiifolia* L.、长芒苋*Amaranthus palmeri* S. Watson；二级入侵物种12个,包括北美车前*Plantago virginica* L.、反枝苋*Amaranthus retroflexus* L.、鬼针草*Bidens pilosa* L.、藿香蓟*Ageratum conyzoides* L.、加拿大一枝黄花*Solidago canadensis* L.、节节麦*Aegilops tauschii* Coss.、绿穗苋*Amaranthus hybridus* L.、苏门白酒草*Erigeron sumatrensis* Retz.、小蓬草*Erigeron canadensis* L.、一年蓬*Erigeron annuus*（L.）Pers.、意大利苍耳*Xanthium strumarium* subsp. *italicum*（Moretti）D. Löve、钻叶紫菀*Symphyotrichum subulatum*（Michx.）G. L. Nesom；三级入侵物种30个,包括凹头苋*Amaranthus blitum* L.、白车轴草*Trifolium repens* L.、斑地锦草*Euphorbia maculata* L.、北美独行菜*Lepidium virginicum* L.、北美苋*Amaranthus blitoides* S. Watson、齿裂大戟*Euphorbia dentata* Michx.、垂序商陆*Phytolacca americana* L.、大花金鸡菊*Coreopsis grandiflora* Hogg ex Sweet、合被苋*Amaranthus polygonoides* L.、续断菊*Sonchus asper*（L.）Hill、灰绿藜*Oxybasis glauca*（L.）S. Fuentes, Uotila & Borsch、剑叶金鸡菊*Coreopsis lanceolata* L.、苦蘵*Physalis angulata* L.、黄秋英*Cosmos sulphureus* Cav.、曼陀罗*Datura stramonium* L.、毛曼陀罗*Datura innoxia* Mill.、婆婆针*Bidens bipinnata* L.、荠*Capsella bursa-pastoris*（L.）Medik.、苘麻*Abutilon theophrasti* Medikus、秋英*Cosmos bipinnatus* Cav.、万寿菊*Tagetes erecta* L.、细叶旱芹*Cyclospermum leptophyllum*（Pers.）

Sprague ex Britton & P. Wilson、香丝草*Erigeron bonariensis* L.、小花山桃草*Oenothera curtiflora* W. L. Wagner & Hoch、野胡萝卜*Daucus carota* L.、野西瓜苗*Hibiscus trionum* L.、野燕麦*Avena fatua* L.、圆叶牵牛*Ipomoea purpurea*（L.）Roth、杂配藜*Chenopodiastrum hybridum*（L.）S. Fuentes，Uotila & Borsch、皱果苋*Amaranthus viridis* L.；四级入侵物种13个，包括大麻*Cannabis sativa* L.、钝叶决明*Senna obtusifolia*（L.）H. S. Irwin & Barneby、多花百日菊*Zinnia peruviana* L.、多花黑麦草*Lolium multiflorum* Lamk.、黑麦草*Lolium perenne* L.、红车轴草*Trifolium pratense* L.、苦苣菜*Sonchus oleraceus* L.、牵牛*Ipomoea nil*（L.）Roth、密花独行菜*Lepidium densiflorum* Schrad.、通奶草*Euphorbia hypericifolia* L.、苋*Amaranthus tricolor* L.、小酸浆*Physalis minima* L.、小酸模*Rumex acetosella* L.；待观察物种13种。各区县入侵植物数量汇总见图2-1。

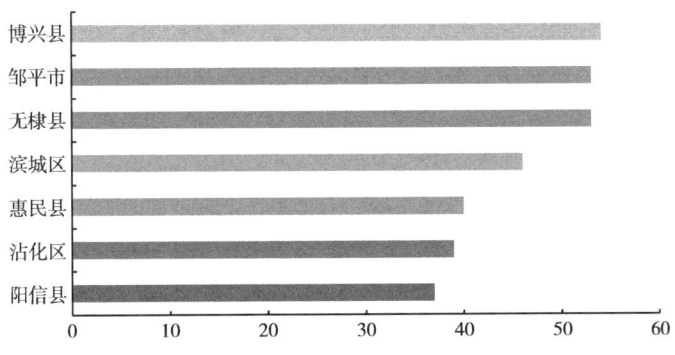

图2-1 滨州市各区县外来入侵植物数量汇总

二、滨城市农业外来入侵病虫害种类及其组成

本次调查共发现外来入侵病虫害16种，其中虫害10种，分别属于11科11属，包括美国白蛾*Hyphantria cunea*（Drury）、二斑叶螨*Tetranychus urticae* Koch、烟粉虱*Bemisia tabaci*（Gennadius）、美洲斑潜蝇*Liriomyza sativae* Blanchard、南美斑潜蝇*Liriomyza huidobrensis*（Blanchard）、西花蓟马*Frankliniella occidentalis*（Pergande）、悬铃木方翅网蝽*Corythucha ciliate* Say、番茄潜叶蛾*Tuta absoluta*（Meyrick）、麦蛾*Sitotroga cerealella*（Olivier）和腐烂茎线虫*Ditylenchus destructor* Thorne。其中，半翅目粉虱科1种（烟粉虱），双翅目潜蝇科2种（美洲斑潜蝇、南美斑潜蝇），半翅目网蝽科1种（悬铃木方翅网蝽），鳞翅目灯蛾科1种（美国白蛾），蜱螨目叶螨科1种（二斑叶螨），缨翅目蓟马科1种（西花蓟马），鳞翅目麦蛾科2种（番茄潜叶蛾、麦蛾），垫刃目粒科1种（腐烂茎

线虫）。病害6种，分别属于5科5属，包括双生病毒科番茄黄化曲叶病毒*Tomato yellow leaf curl virus*（TYLCV）、帚状病毒科黄瓜绿斑驳花叶病毒*Cucumber green mottle mosaic virus*（CGMMV）、假单胞菌科十字花科黑斑病菌*Alternaria brassicicola*（Schweinitz）Wiltshire、豇豆花叶病毒科番茄环斑病毒*Tomato ringspot nepovirus*（TomRSV）、豇豆花叶病毒科烟草环斑病毒*Tobacco ringspot virus*（TRSV）、微杆菌科番茄细菌性溃疡病菌*Clavibater michiganensis* subsp. *michiganensis*（Cmm）。

根据《全国外来入侵物种清单及其风险管理等级》名录以及入侵病虫害生物学特征和生态学特性、原产地自然地理分布信息、入侵范围、对入侵地生态环境的危害和对国民经济产生的影响等，将滨州市16种农业外来入侵病虫害划分为5个等级。其中，一级入侵物种3个，包括腐烂茎线虫*Ditylenchus destructor* Thorne、番茄潜叶蛾*Tuta absoluta*（Meyrick）和番茄黄化曲叶病毒*Tomato yellow leaf curl virus*（TYLCV）；二级入侵物种10个，包括烟粉虱*Bemisia tabaci*（Gennadius）、悬铃木方翅网蝽*Corythucha ciliate* Say、美国白蛾*Hyphantria cunea*（Drury）、二斑叶螨*Tetranychus urticae* Koch、美洲斑潜蝇*Liriomyza sativae* Blanchard、西花蓟马*Frankliniella occidentalis*（Pergande）、番茄细菌性溃疡病菌*Clavibater michiganensis* subsp. *michiganensis*（Cmm）、黄瓜绿斑驳花叶病毒*Cucumber green mottle mosaic virus*（CGMMV）、番茄环斑病毒*Tomato ringspot nepovirus*（TomRSV）、烟草环斑病毒*Tobacco ringspot virus*（TRSV）；三级入侵物种2个，包括南美斑潜蝇*Liriomyza huidobrensis*（Blanchard）、十字花科黑斑病菌*Alternaria brassicicola*（Schweinitz）Wiltshire；四级入侵物种仅有一种，麦蛾*Sitotroga cerealella*（Olivier）。各区县入侵病虫害数量汇总见图2-2。

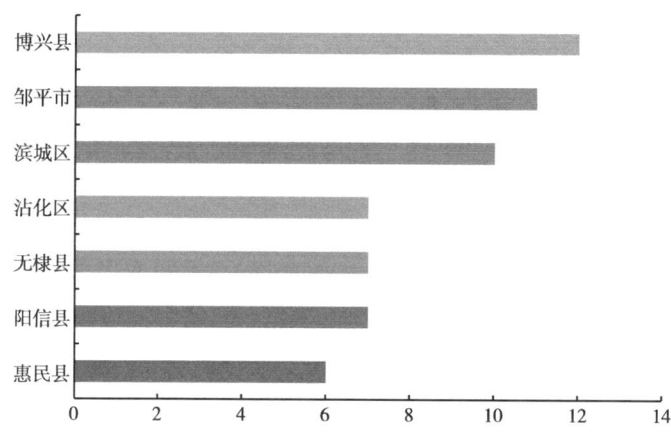

图2-2　滨州市各区县外来入侵病虫害数量汇总

三、滨城市农业外来入侵水生动物种类及其组成

滨州市入侵水生动物有两种，一种为克氏原螯虾Procambarus clarkii，十足目螯虾科原螯虾属节肢动物；另一种为鳄雀鳝Atractosteus spatula，雀鳝目鳝科大雀鳝属鱼类。根据《全国外来入侵物种清单及其风险管理等级》名录划分，鳄雀鳝Atractosteus spatula属于二级入侵风险物种。滨州市外来入侵水生动物发生分布情况见图2-3。

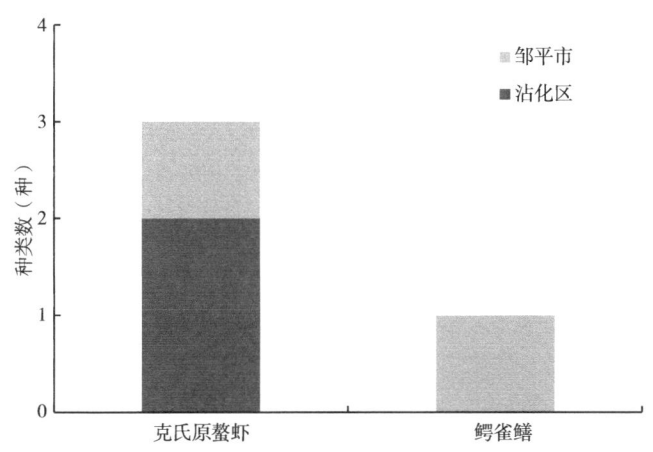

图2-3　滨州市外来入侵水生动物发生分布情况

四、滨州市农业外来入侵植物物种分布、危害程度及风险组成

滨州市经踏查共设置植物标准样地74个，覆盖耕地、园地、城镇村及工矿用地、水域及水利设施用地和交通运输用地五大生境，涉及25种外来入侵植物。经调查，其中一级入侵物种包括大狼耙草（1个标准样地）、互花米草（1个标准样地）、黄顶菊（4个标准样地），二级入侵物种包括长芒苋（1个标准样地）、反枝苋（6个标准样地）、鬼针草（5个标准样地）、节节麦（5个标准样地）、苏门白酒草（4个标准样地）、小蓬草（6个标准样地）、意大利苍耳（7个标准样地）、钻叶紫菀（10个标准样地），三级入侵物种包括北美独行菜（3个标准样地）、凹头苋（1个标准样地）、北美苋（1个标准样地）、垂序商陆（2个标准样地）、曼陀罗（1个标准样地）、婆婆针（2个标准样地）、野胡萝卜（3个标准样地）、圆叶牵牛（1个标准样地）、皱果苋（4个标准样地），四级入侵物种包括多花黑麦草（1个标准样地）、苦苣菜（1个标准样地）、密花独行菜（2个标准样地），待观察物种包括菊芋（1个标准样地）、鳢肠（1个标准样地）。

滨州市农业外来入侵物种发生与防治

经调查，耕地生境发生的外来入侵植物有北美苋、密花独行菜、反枝苋、节节麦、鳢肠、鬼针草、苏门白酒草、意大利苍耳、皱果苋、钻叶紫菀、黄顶菊、菊芋、婆婆针、野胡萝卜，共13种；园地生境发生的外来入侵植物有苏门白酒草、节节麦、北美独行菜、小蓬草、钻叶紫菀、凹头苋，共6种；城镇村及工矿用地生境发生的外来入侵植物有反枝苋、密花独行菜、小蓬草、野胡萝卜、意大利苍耳、圆叶牵牛、钻叶紫菀、北美独行菜，共8种；交通运输用地生境发生的外来入侵植物有鬼针草、苦苣菜、婆婆针、苏门白酒草、小蓬草、意大利苍耳、钻叶紫菀、鬼针草、北美独行菜、垂序商陆、黄顶菊、节节麦、野胡萝卜、长芒苋、多花黑麦草，共15种；水域及水利设施用地生境发生的外来入侵植物有互花米草、北美独行菜、垂序商陆、大狼耙草、意大利苍耳、钻叶紫菀、苏门白酒草、密花独行菜、曼陀罗、反枝苋，共10种。综上可见，农业外来入侵植物在滨州市各生境的物种数：交通运输用地>耕地>水域及水利设施用地>城镇村及工矿用地>园地。详细情况见表2-1。

表 2-1 滨州市外来入侵植物的种类、分布范围、发生生境及危害程度

序号	入侵植物	分布	生境*	危害程度	原产地	危害等级
1	大狼耙草	惠民县皂户李镇王家村	沟渠	生境3：重度（80.6%）	北美洲	1
2	互花米草	无棣县马山子镇马山子村	滩涂	生境10：重度（100%）	北美大西洋沿岸	1
3	黄顶菊	邹平市明集镇惠辛村、惠民县姜楼镇王集村、惠民县姜楼镇常家村、博兴县兴福镇兴朱村	农村道路、耕地	生境1：重度（64%） 生境5：重度（58.4%）	南美洲	1
4	长芒苋	滨城区三河湖镇王立平村	农村道路	生境1：重度（57%）	北美洲	1
5	反枝苋	滨城区滨北街道杨挠头村、邹平市长山镇前石村、惠民县大年陈镇孙家村、无棣县碣石山镇坡宋家村、阳信县水落坡镇文家村、阳信县温店镇大营村	村庄用地、沟渠、园地、耕地	生境2：重度（49%） 生境3：重度（83%） 生境4：中度（44.3%） 生境5：重度（59.3%）	墨西哥	2

第二章　滨州市农业外来入侵物种发生与分布现状

（续表）

序号	入侵植物	分布	生境*	危害程度	原产地	危害等级
6	鬼针草	无棣县信阳镇后挂口村和郝家沟村、邹平市西董街道坊子村、滨城区三河湖镇于尧村、邹平市韩店镇东王村	农村道路、园地、耕地、公路用地	生境1：重度（60%） 生境4：重度（49%） 生境5：重度（56%） 生境7：重度（36.8%）	美洲	2
7	节节麦	邹平市孙镇镇大里庄村、阳信县翟王镇李王村、无棣县碣石山镇张家码头村、邹平市魏桥镇甜水村、沾化区下河乡新民村	农村道路、园地、耕地	生境1：中度（13.2%） 生境4：中度（11.6%） 生境5：重度（23.7%）	亚洲西部	2
8	苏门白酒草	惠民县淄角镇三李村、惠民县孙武街道城北村、博兴县锦秋街道西闸、沾化区利国乡南五村	农村道路、沟渠、园地、耕地、公路用地	生境1：重度（55%） 生境3：中度（15.4%） 生境4：中度（15.4%） 生境5：重度（25%） 生境7：重度（52%）	南美洲	2
9	小蓬草	无棣县西小王镇曹家村、沾化区滨海镇垛口村、滨城区小营街道粮库、无棣县车王镇温杨村委会、阳信县金阳街道斜角王村、惠民县姜楼镇石人王村	农村道路、村庄用地、园地、公路用地、工矿用地	生境1：重度（75.6%） 生境2：重度（51%） 生境4：重度（20.6%） 生境7：重度（41.9%） 生境9：中度（16.6%）	北美洲	2
10	意大利苍耳	邹平市临池镇大房村、惠民县石庙镇付北村、沾化区利国乡来刘村、博兴县店子镇董官村、博兴县纯化镇纯辛村、无棣县车王镇后挂口村、滨城区秦皇台乡北籍家村	村庄用地、沟渠、耕地、公路用地	生境2：重度（44%） 生境3：重度（55%） 生境5：重度（65.5%） 生境7：重度（60.9%）	美洲	2

滨州市农业外来入侵物种发生与防治

（续表）

序号	入侵植物	分布	生境*	危害程度	原产地	危害等级
11	钻叶紫菀	惠民县皂户李镇皂户李村、沾化区富源街道车王村、沾化区富源街道李果村、滨城区杜店街道库李村、博兴县湖滨镇西顺河二村、邹平市台子镇豆八村、阳信县商店镇西毛村、阳信县水落坡镇东王岳村、博兴县吕艺镇闫二村、滨城区秦皇台乡杀虎刘村	农村道路、村庄用地、沟渠、园地、耕地、公路用地	生境1：重度（65%）生境2：重度（61%）生境3：重度（62%）生境4：重度（80%）生境5：重度（67%）生境7：重度（57%）	北美洲	2
12	北美独行菜	无棣县车王镇温杨村、沾化区下河乡刘家庄、沾化区滨海镇垛鄩村	农村道路、村庄用地、沟渠、园地	生境1：重度（38%）生境2：重度（35.6%）生境3：重度（35.6%）生境4：中度（12%）	美洲	3
13	凹头苋	滨城区小营镇李芳含村	园地	生境4：重度（72%）	非洲	3
14	北美苋	沾化区下河乡下河村	耕地	生境5：重度（52%）	欧洲	3
15	垂序商陆	邹平市九户镇张德佐村、惠民县石庙镇梁家村	农村道路、沟渠	生境1：重度（90%）生境3：重度（48%）	北美洲	3
16	曼陀罗	无棣县车王镇五营中村	河流	生境8：重度（75%）	墨西哥	3
17	婆婆针	博兴县城东街道顾家村、无棣县信阳镇郝家沟村	耕地、公路用地	生境5：重度（74%）生境7：重度（21%）	北美洲	3
18	野胡萝卜	无棣县车王镇温杨村、无棣县佘家镇刘家仓村、无棣县车王镇温杨村	农村道路、村庄用地、耕地	生境1：中度（19%）生境2：重度（47%）生境5：重度（19%）	欧洲	3
19	圆叶牵牛	阳信县劳店镇曹王牌村	村庄用地	生境2：重度（56%）	美洲	3
20	皱果苋	滨城区小营街道李芳含村、阳信县劳店镇小曹村、博兴县兴福镇南吴村、沾化区冯家镇久山村	耕地	生境5：重度（46.8%）	美洲	3

（续表）

序号	入侵植物	分布	生境*	危害程度	原产地	危害等级
21	多花黑麦草	博兴县纯化镇贾家村	铁路用地	生境6：重度（83%）	地中海	4
22	苦苣菜	博兴县陈户镇毕家村	公路用地	生境7：重度（52%）	欧洲	4
23	密花独行菜	无棣县车王镇大李邢王村、沾化区富国街道丁家庄子村	村庄用地、沟渠、耕地	生境2：重度（27.6%） 生境3：重度（38.8%） 生境5：重度（38.8%）	北美洲	4
24	菊芋	阳信县水落坡镇皮户刘村	耕地	生境5：重度（94%）	北美洲	待观察种
25	鳢肠	邹平市长山镇小赵庄村	耕地	生境5：重度（73%）	美洲	待观察种

注：*表中生境1～10依次对应：农村道路、村庄用地、沟渠、园地、耕地、铁路用地、公路用地、河流、工矿用地、滩涂。

五、滨州市农业外来入侵病虫害物种分布、危害程度及风险组成

滨州市经踏查共设置病虫害标准样地34个，覆盖耕地、园地、城镇村及工矿用地、水域及水利设施用地和交通运输用地五大生境，涉及6种外来入侵植物。经调查，所有物种均为二级入侵物种，包括二斑叶螨（5个标准样地）、美国白蛾（9个标准样地）、美洲斑潜蝇（7个标准样地）、西花蓟马（2个标准样地）、悬铃木方翅网蝽（4个标准样地）、烟粉虱（7个标准样地）。调查发现，耕地生境发生的外来入侵植物有二斑叶螨、烟粉虱、美国白蛾、美洲斑潜蝇、悬铃木方翅网蝽、西花蓟马，共6种；园地生境发生的外来入侵植物有二斑叶螨、烟粉虱、美国白蛾、美洲斑潜蝇、悬铃木方翅网蝽、西花蓟马，共6种；城镇村及工矿用地生境发生的外来入侵植物有烟粉虱、美国白蛾，共计2种；交通运输用地生境发生的外来入侵植物有美洲斑潜蝇、悬铃木方翅网蝽、烟粉虱、美国白蛾、二斑叶螨，共5种；水域及水利设施用地生境发生的外来入侵植物有烟粉

虱、美国白蛾、二斑叶螨、悬铃木方翅网蝽，共4种。综上可见，农业外来入侵植物在滨州市各生境的物种数：耕地/园地>交通运输用地>水域及水利设施用地>城镇村及工矿用地。详细情况见表2-2。

表2-2 滨州市外来入侵病虫害的种类、分布范围、发生生境及危害程度

序号	入侵植物	分布	生境*	危害程度	原产地	入侵等级
1	二斑叶螨	邹平市孙镇张家庄村、滨城区滨北街道秦董姜村、滨城区市中街道大刘村、惠民县石庙镇于王村、博兴县曹王镇贾杨村	耕地、公路用地、园地、沟渠	生境1：重度（27.5%） 生境2：中度（18%） 生境3：重度（84%） 生境4：重度（30%）	欧洲	2
2	美国白蛾	滨城区杨柳雪镇小范家村、滨城区三河湖镇李潮岗村、惠民县李庄镇华李村、阳信县水落坡镇碱王村、阳信县水落坡镇东王岳村、阳信县金阳街道斜角王村委会、惠民县石庙镇御史村民、沾化区下河乡东刘村、邹平市台子镇豆八村	耕地、公路用地、园地、沟渠、坑塘、村庄用地、农村道路	生境1：重度（57.7%） 生境2：重度（45%） 生境3：重度（55.7%） 生境4：重度（56%） 生境5：重度（52%） 生境6：重度（38%） 生境7：重度（58%）	北美洲	2
3	美洲斑潜蝇	无棣县柳堡镇杨庄子村、无棣县海丰街道徐家庙村、惠民县姜楼镇王集村、滨城区梁才街道西韩墩村、阳信县翟王镇南商村、博兴县庞家镇焦集村、兴县曹王镇东孙村	耕地、园地、农村道路	生境1：重度（46%） 生境3：重度（93.3%） 生境7：重度（20%）	南美洲	2
4	西花蓟马	无棣县海丰街道徐家庙村、博兴县曹王镇东孙村	耕地、园地	生境1：重度（66%） 生境3：重度（34%）	北美洲	2
5	悬铃木方翅网蝽	邹平市九户镇张德佐村、滨城区杜店街道老官赵村、阳信县劳店镇代镇村、博兴县兴福镇初桥村	耕地、公路用地、园地、沟渠、农村道路	生境1：重度（63%） 生境2：重度（81%） 生境3：重度（82%） 生境4：重度（81%） 生境7：重度（55%）	北美洲	2

第二章　滨州市农业外来入侵物种发生与分布现状

（续表）

序号	入侵植物	分布	生境*	危害程度	原产地	入侵等级
6	烟粉虱	邹平市九户镇都路平村、滨城区里则街道小吴家村、惠民县清河镇清河村民委、阳信县流坡坞镇东苟村、博兴县乔庄镇东张王村、博兴县店子镇辛张村、沾化区富源街道李果村	耕地、园地、沟渠、村庄用地、农村道路	生境1：重度（63%） 生境3：重度（82%） 生境4：重度（81%） 生境7：重度（55%）	希腊	2

注：*表中生境1～7依次对应：耕地、公路用地、园地、沟渠、坑塘、村庄用地、农村道路。

第三节　滨州市重点外来入侵物种分布现状

滨州市调查发现的一级入侵物种有8个，占滨州市入侵物种总数的11%，分别是大狼耙草 Bidens frondosa L.、黄顶菊 Flaveria bidentis（L.）Kuntze、豚草 Ambrosia artemisiifolia L.、互花米草 Spartina alterniflora Loisel.、长芒苋 Amaranthus palmeri S. Watson、腐烂茎线虫 Ditylenchus destructor Thorne、番茄潜叶蛾 Tuta absoluta（Meyrick）和番茄黄化曲叶病毒 Tomato yellow leaf curl virus（TYLCV）；二级入侵物种有22个，占滨州市入侵物种总数的36.4%，分别是北美车前 Plantago virginica L.、反枝苋 Amaranthus retroflexus L.、鬼针草 Bidens pilosa L.、藿香蓟 Ageratum conyzoides L.、加拿大一枝黄花 Solidago canadensis L.、节节麦 Aegilops tauschii Coss.、绿穗苋 Amaranthus hybridus L.、苏门白酒草 Erigeron sumatrensis Retz.、小蓬草 Erigeron canadensis L.、一年蓬 Erigeron annuus（L.）Pers.、意大利苍耳 Xanthium strumarium subsp. italicum（Moretti）D. Löve、钻叶紫菀 Symphyotrichum subulatum（Michx.）G. L. Nesom、烟粉虱 Bemisia tabaci（Gennadius）、悬铃木方翅网蝽 Corythucha ciliate Say、美国白蛾 Hyphantria cunea（Drury）、二斑叶螨 Tetranychus urticae Koch、美洲斑潜蝇

Liriomyza sativae Blanchard、西花蓟马*Frankliniella occidentalis*（Pergande）、番茄细菌性溃疡病菌*Clavibater michiganensis* subsp. *michiganensis*（Cmm）、黄瓜绿斑驳花叶病毒*Cucumber green mottle mosaic virus*（CGMMV）、番茄环斑病毒*Tomato ringspot nepovirus*（TomRSV）和烟草环斑病毒*Tobacco ringspot virus*（TRSV）。滨州市重点外来入侵物种入侵频次见图2-4。

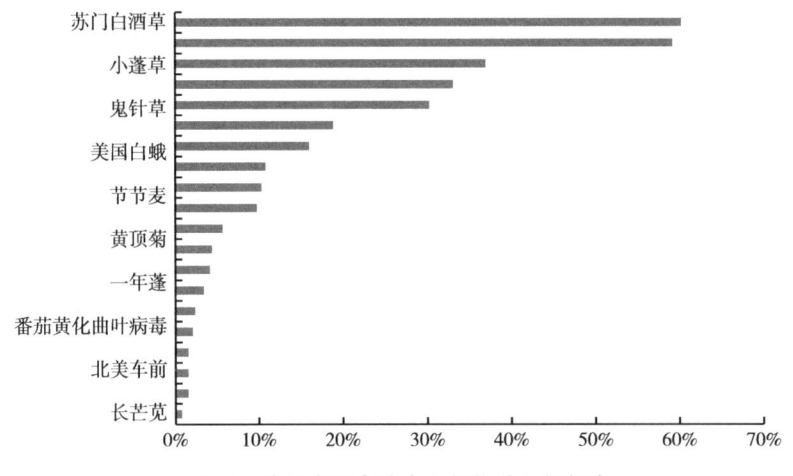

图2-4　滨州市重点外来入侵物种入侵频次

黄顶菊*Flaveria bidentis*分布在滨州市的滨城区、惠民县、邹平市、无棣县、阳信县、博兴县，发生面积共计7 931.5亩，发生生境多数为交通运输用地，其次是城镇村及工矿用地，偶有耕地和水域及水利设施用地，主要危害生态系统和农业生产。黄顶菊根系发达，最高可以长到2 m，在与周围植物争夺阳光和养分的竞争中，严重挤占其他植物的生存空间。严重影响其他植物的生长，特别是对绿地生态系统有极大的破坏性，使许多生物灭绝。黄顶菊一旦入侵农田，将威胁农牧业生产及生态环境安全，因此，又称为"生态杀手"。黄顶菊的根会产生一种分泌物，这种分泌物能抑制其他植物的生长。一个地方只要出现一株黄顶菊，不出几年该地就没有其他植物了。可以想象，黄顶菊一旦入侵到农田里边，对农业将造成难以估量的损失。黄顶菊根系能产生一种化感物质，这种化感物会抑制其他植物生长，并最终导致其他植物死亡。在生长过黄顶菊的土壤里种上小麦、大豆，其发芽能力会变得很低。这也就意味着，如果对黄顶菊不加防治，几年后整个地面很可能就只剩下黄顶菊了，这势必会破坏生物的多样性。黄顶菊的花期长，花粉量大，花期与大多数土著菊科交叉重叠。如果黄顶菊与发生区域内的其他土著菊科植物，产生天然的菊科植物属间杂交，就有可能导致形成新的危害性更大的物种（发生区域分布见附图1-1）。

大狼耙草 *Bidens frondosa* 分布于滨州市滨城区、惠民县、邹平市、无棣县、阳信县、博兴县，发生面积共计7 916.6亩，发生生境多为水域及水利设施用地，其次是交通运输用地和城镇村及工矿用地，偶在管理不善的耕地生境有轻度发生，危害农业生产和生态系统。大狼耙草可以与农作物争夺水分、养分和光能，根系发达，吸收土壤水分和养分的能力很强，而且生长优势强，耗水、耗肥常超过作物生长的消耗。大狼耙草的生长优势强，株高常高出作物，影响作物对光能利用和光合作，干扰并限制作物的生长。大狼耙草是作物病害和虫害的中间寄主，病菌和害虫常年在杂草上或根部寄生或过冬，次年春天再迁移到作物上进行危害。潜在地降低农作物产量和品质，由于大狼耙草的直接和间接（病虫害传播）危害，会明显影响作物产量和品质，影响人、畜健康。此外，还可能增加管理用工和生产成本，大狼耙草较多的农田，其除草的用工量消耗多，同时由于大量用工，增加了生产成本（发生区域分布见附图1-2）。

长芒苋 *Amaranthus palmeri* S. Watson 分布在滨州市的滨城区和邹平市，发生面积为790.9亩，发生生境多为交通运输用地，偶有在耕地、水域及水利设施用地发生，危害农业生产和生态系统。长芒苋适生性较强，主要通过棉花、粮食、豆类及饲料等农产品携带进行远距离传播。据调查，在荒地、沟边路旁、铁路与公路沿线、仓库周围及农田均可生长，但在湿润地或水浇地中植株生长得更为茂盛。长芒苋植株高大，与农作物争夺肥水、光照和生存空间的能力很强，且结子量极大，有利于繁衍和扩散。长芒苋覆盖度大，竞争力强，能抑制当地物种的生长，很容易形成优势群落，对生物多样性和生态环境起破坏作用。其植株内含有硝酸盐，家畜家禽过量采食后会引起中毒。长芒苋是农田和果园的重要杂草，一旦在新的环境中繁衍扩散将很难根除，应引起植物保护等部门的高度重视，及早进行监测和治理（发生区域分布见附图1-3）。

反枝苋 *Amaranthus retroflexus* 在滨州市调查的滨城区、惠民县、邹平市、无棣县、阳信县、博兴县、沾化区7个区县均有不同程度的入侵发生，共在233个踏查点发现入侵迹象，发生面积为38 278.2亩，发生生境覆盖耕地、园地、城镇村及工矿用地、水域及水利设施用地和交通运输用地五大生境，其中47.6%发生在耕地生境，主要危害农业生产和生态环境。反枝苋主要危害棉花、豆类、花生、瓜类、薯类、蔬菜等多种旱作物。反枝苋混生在大豆、小麦、玉米、甜菜、果园和菜园中，可严密遮光和阻碍通风，消耗大量地力，抑制作物生长。反枝苋还常常污染作物种子，如果不加以有效地防除，玉米、大豆、春小麦、油菜和蔬菜等产量将明显受损。由于反枝苋的侵害，甜菜可减产49%，大豆减产22%。同时，也是许多昆虫、线虫、病毒、细菌和真菌的寄主，影响栽培作物的生长。反枝苋是伴人植物，只要有人的地方就有它，传播方式多样，可随有机肥、种子、水流、风力，甚至鸟类等进行传播。反枝苋能够表现出很高的表型可塑性和基因可变性，适应生活在多种农田和杂草丛生的地方，适应性极强，生长非常迅速且能够产生大量具有生活力的种子，其种子可形成持久稳定的种子库。由于环境、遗传的原因，使种子具休眠特性和参差不齐的萌发方式，这可增强适应能力和增加竞争优势。此外，反枝苋可能危害家畜，苋属植物在不同的生长时期和环境条件下，都具有积累硝酸盐的能力。随着反枝苋的生长，硝酸盐的吸收率不断增加，在开花前达到最大值，叶片中硝酸盐含量可达30%。其茎和枝也可储藏大量的硝酸盐。因此，若家畜过量食用会引起中毒，应在结果前拔除。在利用反枝苋作为牛等动物饲料时应该注意采收的季节及放牧地区反枝苋的发生情况，避免引发中毒（发生区域分布见附图1-4）。

苏门白酒草*Erigeron sumatrensis* Retz. 在滨州市调查的滨城区、惠民县、邹平市、无棣县、阳信县、博兴县、沾化区7个区县均有不同程度的入侵发生，共在229个踏查点发现入侵迹象，发生面积为41 778.5亩，发生生境覆盖耕地、园地、城镇村及工矿用地、水域及水利设施用地和交通运输用地五大生境，其中45.3%发生在耕地生境，主要危害农业生产和生态环境。苏门白酒草是在19世纪引入我国的，危害方式与小蓬草相似，蔓延速度极快，会分泌抑制其他植物生长的物质，从而占领该区域。但它比小蓬草长得更加高大，产生的果实、种子也更多，还可以通过风力传播，蔓延速度极快。它主要是通过种子繁殖的，可以大量地开花，一棵草就可以结出上万个种子，而且种子很轻，可以跟着风或者是车轮随处传播。苏门白酒草危害很大，可以迅速生长，抢占优势、争夺阳光、养分和生长空间，它常常会长成一大片，使得当地的作物受到破坏，主要危害农林业生产和生态系统（发生区域分布见附图1-5）。

钻叶紫菀*Symphyotrichum subulatum*（Michx.）G. L. Nesom 在滨州市调查的滨城区、惠民县、邹平市、无棣县、阳信县、博兴县、沾化区7个区县均有不同程度的入侵发生，共在143个踏查点发现入侵迹象，发生面积为22 015亩，发生生境覆盖耕地、园地、城镇村及工矿用地、水域及水利设施用地和交通运输用地五大生境，其中58%发生在水域及水利设施用地，主要危害农业生产和生态环境。钻叶紫菀生于路边或侵入棉花、大豆、甘薯田块和草坪，发生量小，危害轻，在菊科的入侵植物中，钻叶紫菀被列为一般杂草。据调查，钻叶紫菀具有较强的耐盐碱性，在弱碱性土壤可以健壮成长，并形成单一优势群落。在中国华北地区菊科入侵植物中，小蓬草发生量最大，分布最广泛，危害最严重；其次是钻叶紫菀，其分布较为广泛，发生量较大。由于化感作用及杂草特性，钻叶紫菀作为入侵杂草，其潜在的危害性较大，所以应加强钻叶紫菀的防除力度。钻叶紫菀对作物的化感作用由强到弱的顺序是油菜→小麦→绿豆（发生区域分布见附图1-6）。

意大利苍耳*Xanthium strumarium subsp. italicum*（Moretti）D. Löve在滨州市调查的滨城区、惠民县、邹平市、无棣县、阳信县、博兴县、沾化区7个区县均有不同程度的入侵发生，共在117个踏查点发现入侵迹象，发生面积为23 026.2亩，发生生境覆盖耕地、园地、城镇村及工矿用地、水域及水利设施用地和交通运输用地五大生境，其中发生最多的公路用地和耕地，均占总数的33.3%，主要危害农业生产和生态环境。意大利苍耳喜光但耐阴性差，在干扰严重的地区常呈现一定面积的成片分布。夜间温度高于35℃时，能明显抑制花芽形成，土壤溶液pH值5.2～8.0都可耐受，并可长期忍受盐碱以及频繁的水涝环境。它主要通过两种方式进行传播，第1种方式是通过外来物种自身的扩散能力向周围空间扩散，这种方式通常是短程的，即从某一点沿特定的通道传到另一个点；第2种方式是借助于某些媒介传播，距离较长且可以是跳跃式的，主要通过动物和人类的活动等途径携带而扩散。意大利苍耳在发生地区常常迅速蔓延，一旦进入玉米、棉花、大豆等农田，便与作物争夺生存空间，从而使这些作物受到损害，意大利苍耳8%的覆盖率能使作物减产达到60%；它还能与茄科作物在成花临界期竞争阳光，造成减产。此外，意大利苍耳的果实有刺，容易黏附在羊毛上，且较难清除，能显著减少羊毛产量。意大利苍耳的幼苗有毒，牲畜误食会造成中毒（发生区域分布见附图1-7）。

鬼针草*Bidens pilosa* L.在滨州市调查的滨城区、惠民县、邹平市、无棣县、阳信县、博兴县、沾化区7个区县均有不同程度的入侵发生，共在73个踏查点发现入侵迹象，发生面积为25 491.9亩，发生生境覆盖耕地、园地、城镇村及工矿用地、水域及水利设施用地和交通运输用地五大生境，其中发生最多的是水域及水利设施用地，占总数的45.2%，其次是耕地和旱地，分别发生比例分别占总数的17.8%和6.8%，主要危害农业生产和生态系统。鬼针草入侵性和环境适应力强，其成体植株对光、温度、氮素有较强的表型可塑性，且产种迅速，结实量大，种子萌发率高，这些特性使得鬼针草扩散到一个新生境后，在1～2代内就能产生一个大的种群，从而快速完成定殖和入侵。常见旱田、果园、桑园和茶园杂草，主要危害经济作物；是棉蚜等的中间寄主。生长繁殖能力较强，种子发芽率高，幼龄期短，入侵当地生态系统后，其强烈的入侵性除了因其适应性、繁殖能力极强而表现出争夺本地物种光照、水分、营养外，还常以化感作用直接或间接地危害其他物种，严重破坏入侵地的生态系统和种群结构，能显著降低生物多样性（鬼针草分布见附图1-8）。

节节麦Aegilops tauschii在滨州市调查的滨城区、惠民县、邹平市、无棣县、阳信县、博兴县、沾化区7个区县均有不同程度的入侵发生，发生面积为49 702.2亩，发生生境包括耕地、城镇村及工矿用地、水域及水利设施用地和交通运输用地四大生境，其中大多发生在耕地生境，占总数的52.6%，主要危害农业生产和生态系统。据调查，节节麦种子主要集中在3~8 cm的土层中，春季节节麦一般每株10~20个分蘖，最多达每株36个分蘖。小麦收割机的长途跨区作业是节节麦传播的重要媒介，粗放的耕作制度在一定程度上也加重了节节麦的发生。小麦收获后，免耕贴茬种植玉米，节节麦种子大部分撒落到地表。秋播深翻面积少，由于耕层浅，节节麦种子大多分布在土壤的浅表层。另外在防除时，只注重防除大田杂草，不防田边、路边、地头杂草。节节麦成熟后通过风雨、浅灌等流入农田。还有许多农户在后期人工拔除时，节节麦已基本成熟，把节节麦随意堆积在田边、地头，杂草种子继续流入大田。节节麦还可能随施用未腐熟的农家肥再入农田。将从麦粒中清捡出来的节节麦种子直接堆肥，或用未加工粉碎的节节麦种子饲喂家禽（畜），致使部分未经腐熟的农家肥中有节节麦的草籽。单一除草剂品种的长期使用，使麦田杂草群落发生了演变。麦田原来的主要杂草为播娘蒿、荠菜等阔叶杂草，苯磺隆系列除草剂的连续多年使用，使原来的优势种杂草得到控制，而致使节节麦等禾本科杂草逐年上升，成为当前高水肥麦田的主要入侵杂草（节节麦分布见附图1-9）。

小蓬草Conyza canadensis在滨州市调查的滨城区、惠民县、邹平市、无棣县、阳信县、博兴县、沾化区7个区县均有不同程度的入侵发生，共在128个踏查点发现入侵迹象，发生面积为50 746.3亩，发生生境覆盖耕地、园地、城镇村及工矿用地、水域及水利设施用地和交通运输用地五大生境，其中大多发生在交通运输用地和耕地生境，分别占发生总数的38.1%和34.1%，主要危害农业生产和生态系统。该物种可产生大量瘦果，蔓延极快，对秋收作物、果园和茶园危害严重，为一种常见杂草，通过分泌化感物质抑制邻近其他植物的生长。该植物是棉铃虫和棉蜻象的中间宿主，其叶汁和捣碎的叶对皮肤有刺激作用（发生区域分布见附图1-10）。

一年蓬Erigeron annuus（L.）Pers.分布在滨州市的滨城区、惠民县、博兴县、邹平市、沾化区、阳信县，发生面积为2 140.8亩，发生生境覆盖耕地、园地、城镇村及工矿用地、水域及水利设施用地和交通运输用地五大生境，其中发生在城镇村及工矿用地生境的最多，占发生总数的30.8%，主要危害农业生产和生态系统。一年蓬原产北美洲，作为观赏植物进入我国，1886年在上海首次被采集到；1930年以后为其快速扩散阶段，现遍布中国温带和亚热带地区。一年蓬为恶性杂草，在2013年被列入《中国入侵植物名录》，级别为1级，2014年8月被列入中国农业有害生物系统。一年蓬主要以种子繁殖，种子小而轻，具冠毛，可随风传播，落地后立即萌发，所以虽然发芽率不高，但仍扩散迅速。一年蓬在入侵过程中会增加土地的含水量、导电率，降低土壤容重和pH值，改变土壤结构，增加细菌数量、抑制真菌数量，其植株密度可以改变传粉昆虫的接受概率，成为本土昆虫的靶向花，加速一年蓬的入侵。一年蓬能够实现成功入侵，与其化感作用是密不可分，一年蓬不同浓度根、茎、叶水浸液对作物种子萌发和幼苗的生长发育有不同的化感效应，其叶乙醇浸提液还可以降低藻细胞电子传递量、光能转化率和利用率，导致藻细胞的光合作用受抑制，光系统受损。一年蓬作为入侵物种，具有发生量大、蔓延迅速的特点，形成单优群落可危害农田、果园，并侵占非农作物环境，排挤本土植物，造成生物多样性的丧失以及生态系统的破坏（发生区域分布见附图1-11）。

绿穗苋 *Amaranthus hybridus* L. 分布在滨州市的惠民县、邹平市、博兴县，发生面积为695.4亩，发生生境主要为交通运输用地和城镇村及工矿用地，偶见于耕地，主要危害生态系统和农业生产。绿穗苋原产巴基斯坦，适应性强，耐盐碱瘠薄，抗旱性强；生长在田野、旷地或山坡，种子繁殖。绿穗苋是常见的田间和园林杂草，每一株都会形成大量的种子，抢占生态位。数量极多，繁殖力和传播力惊人，往往入侵农田、园林绿地和荒地等生境，通过化感作用对生长在其周围的植物和环境造成一定的危害（发生区域分布见附图1-12）。

北美车前 *Plantago virginica* L. 仅在滨州市无棣县信阳镇（28.6%的村）和佘家镇（100%的村）发生轻度入侵，发生面积为22.1亩，发生生境包括交通运输用地、果园、城镇村及工矿用地，主要危害生态系统。北美车前原产北美洲，常生于低海拔的草地、路边、湖畔。适应性强，耐寒、耐旱，对土壤要求不严，在温暖、潮湿、向阳、沙质沃土上能生长良好，20~24℃范围内茎叶能正常生长，气温超过32℃则会出现生长缓慢，逐渐枯萎直至整株死亡，土壤以微酸性的沙质冲积壤土较好。种子繁殖，随贸易、交通等人类活动无意引入，种子遇水产生黏液，借人和动物以及交通工具传播、扩散，为旱田、果园、草坪归化杂草。种子产生量大，繁殖能力强，扩散、蔓延迅速，入侵性强，极易成优势种群。北美车前原产于北美洲，在国内已经非常常见了，以至于很多人都以为它才是真正的车前草。北美车前非常耐贫瘠，环境适应性强，只会不断地扩张、扩张，严重影响本土生态环境，破坏植物多样性，以其他植物为生的动物也会受到牵连（发生区域分布见附图1-13）。

番茄黄化曲叶病毒Tomato yellow leaf curl virus（TYLCV）分布于滨州市邹平市、无棣县、滨城区、博兴县、沾化区，发生面积为11 169.5亩，发生生境均为耕地。番茄黄化曲叶病毒病是由番茄黄化曲叶病毒引起的、以番茄为主要寄主的病害。番茄黄化曲叶病毒起源于中东地区和地中海盆地，是热带、亚热带地区最具毁灭性的一种番茄病毒病。2000年左右，该病毒传入中国境内，因该病毒流行性强、危害重、来势猛、传播快，迅速在全中国范围内蔓延，主要通过烟粉虱以持久方式传播。番茄植株感病初期主要表现为植株生长迟缓或停滞，节间变短，明显矮化，叶片变小、变厚，叶质脆硬，有褶皱，向上卷曲，变形，叶片边缘至叶脉区域黄化，以植株上部叶片症状为典型，下部老叶症状不明显；植株感病后期坐果很少，果实变小，膨大速度极慢；成熟期的果实不能正常转色（发生区域分布见附图1-14）。

番茄潜叶蛾Tuta absoluta仅在邹平市韩店镇苏家庄村有入侵发生，发生面积为386.4亩，发生生境为耕地。该虫起源于南美洲西部的秘鲁，2017年8月，番茄潜叶蛾首次在我国新疆被发现，2021年7月首次入侵内蒙古自治区。番茄潜叶蛾已在新疆、云南、山西、甘肃、四川、内蒙古、北京、辽宁、山东等省（自治区、直辖市）定殖，呈扩展蔓延态势，严重危害番茄生产，一般可导致减产20%~30%，重者达50%以上，严重威胁"菜篮子"保供安全。2022年被列入《重点管理外来入侵物种名录》，2023年11月，根据《农作物病虫害防治条例》有关规定，农业农村部决定将番茄潜叶蛾增补纳入《一类农作物病虫害名录》管理。该虫寄主广泛，可为害19科40种作物。主要以幼虫危害番茄、马铃薯、辣椒、茄子等茄科作物，尤其嗜食番茄，幼虫潜入叶片、顶梢、腋芽、嫩茎以及果实内取食危害，发生严重时会导致番茄减产80%~100%，是最具毁灭性的世界性入侵害虫之一。番茄潜叶蛾的远距离传播主要借助农产品的贸易活动，尤其是番茄的跨境跨区域运输，传播载体包括来自疫区/发生区的番茄果实（尤其带蔓番茄）、集装箱/装货箱和包装物/填充物及其运输工具、番茄或茄子的种苗，以及茄科花卉的种苗等（发生区域分布见附图1-15）。

美国白蛾Hyphantria cunea（Drury）分布在滨州市滨城区、博兴县、邹平市、惠民县、阳信县、沾化区，在43个踏查点发现入侵迹象，发生面积为43 582.3亩，发生生境覆盖耕地、园地、城镇村及工矿用地、水域及水利设施用地和交通运输用地五大生境，其中多数发生在耕地生境，占发生总数的55.8%，主要危害农业生产和生态系统。美国白蛾被国家环保总局列入中国首批16种外来入侵物种名单，是典型的多食性害虫，可取食危害绝大多数阔叶树以及灌木、花卉、蔬菜、农作物、杂草等，对园林树木、经济林、农田防护林等造成严重的危害,在中国的寄主植物多达49科108属175种(发生区域分布见附图1-16)。

烟粉虱*Bemisia tabaci*(**Gennadius**)在滨州市滨城区、博兴县、邹平市、惠民县、阳信县、沾化区、无棣县7个县共计40个踏查点发生入侵,发生面积为65 672.8亩,发生生境主要为耕地,占总数的82.5%,其余依次为园地、交通运输用地、城镇村及工矿用地,主要危害农业生产和生态系统。烟粉虱病害寄主十分广泛,除危害番茄、黄瓜、西葫芦、茄子、豆类、十字花科蔬菜及果树、花卉、棉花等作物外,还寄生于多种杂草上。烟粉虱除直接刺吸植物汁液,致植株衰弱外,若虫和成虫还分泌蜜露,诱发煤污病的产生,严重时叶片呈现黑色。叶菜类如甘蓝、花椰菜受害叶片萎缩、黄化、枯萎;根茎类如萝卜受害表现为颜色白化、无味、重量减轻;果菜类如番茄受害,果实不均匀成熟,西葫芦受害叶片为银叶,果实花斑状成熟不均匀;在花卉上,可导致一品红白茎、叶片黄化落叶。烟粉虱可随花木的调运传入,并扩散到果树、粮棉和蔬菜上;成虫不能有效地飞行,但可随气流传播,因身体小,可被风带到距离相当远的地方。各虫态都能随寄主植物的繁殖材料和切花传播(发生区域分布见附图1-17)。

悬铃木方翅网蝽*Corythucha ciliate* **Say**分布于滨州市邹平市、博兴县、阳信县、滨城区,共有7个踏查点发现入侵迹象,发生面积为16 485.1亩,发生生境覆盖耕地、园地、城镇村及工矿用地、水域及水利设施用地和交通运输用地五大生境,其中以耕地为主,占总数的42.9%,主要危害农业生产和生态系统。主要危害悬铃木属树种,特别是对一球悬铃木的叶片危害尤为严重,还可危害构树、杜鹃花科、山核桃树、白蜡树,在中国西南、华南、华中、华北的大部分地区均是悬铃木方翅网蝽的适生地(发生区域分布见附图1-18)。

美洲斑潜蝇*Liriomyza sativae* **Blanchard**在滨州市滨城区、博兴县、邹平市、惠民县、阳信县、沾化区、无棣县7个县皆有发生,共在62个踏查点发现入侵迹象,发生面积为81 713亩,发生生境覆盖耕地、园地、城镇村及工矿用地、水域及水利设施用地和交通运输用地五大生境,其中主要为耕地,占总数的71%,主要危害农业生产和生态系统。美洲斑潜蝇起源于美洲,成虫飞行能力弱。远距离传播主要靠害虫附着在寄主植物上随货物传播到世界各地,特别是易随切花、切条、带叶的瓜果豆菜、货物中夹带的寄主叶片及盆景植物传播。20世纪末以来,从国外引进蔬菜与花卉品种多、数量大,直接用于大田生产。加之城市征占菜地失控,菜田连作面积扩大等多方面的原因使美洲斑潜蝇的发生危害呈上升趋势。美洲斑潜蝇是一种危险性检疫害虫,适应性强,繁殖快,寄主广泛,多达33科170多种植物,其中以葫芦科、茄科和豆科植物受害最重,对叶片的危害率可达10%~80%。其对菜豆、黄瓜、番茄、甜菜、辣椒、芹菜等蔬菜作物造成较大危害，叶片受害叶子变褐呈烧灼状，一般减产达25%左右，严重的可减产80%，甚至绝收（发生区域分布见附图1-19）。

二斑叶螨*Tetranychus urticae* **Koch**在滨州市滨城区、博兴县、邹平市、惠民县、阳信县、沾化区，无棣县7个县皆有发生，发生面积为66 882.3亩，发生生境主要集中在耕地，占总数的87.5%，偶在交通运输用地和城镇村及工矿用地有轻度发生，主要危害农业生产和生态系统。二斑叶螨寄主植物广泛，达50余科800多种，常见的有草莓、茄子、黄瓜、番茄、辣椒、豇豆、芸豆、西瓜、黄瓜、桃、天竺葵、一品红等。危害初期该螨多聚集在叶背主脉两侧，所以受害叶片初为叶脉两侧失绿，以后逐步全叶焦枯。虫口密度大时，叶面上结薄层白色丝网，或在新梢顶端群聚成"虫球"，受害的初期叶片沿叶脉附近出现许多细小失绿斑点，随着害螨数量增加，危害加重，叶背面逐渐变为暗褐色，叶正面失绿，呈现苍灰色并变硬脆，被害严重时造成大量落叶。二斑叶螨是世界性重要害虫，在保护地作物上发生危害严重，使用多种药剂防控效果不佳，在部分园区造成作物提早拉秧。主要随寄主植物特别是花卉苗木的调运而远距离传播；也可凭借风力、流水、昆虫、鸟兽、人畜、各种农机具等近距离扩散传播（发生区域分布见附图1-20）。

西花蓟马*Frankliniella occidentalis*（Pergande）分布在滨州市惠民县、无棣县、博兴县、滨城区、阳信县5个县，发生面积为6 086.6亩，发生生境包括耕地和城镇村及工矿用地，其中88.9%发生在耕地，主要危害农业生产和生态系统。西花蓟马食性杂，已知寄主植物达60多科500余种，包括重要的菊科、葫芦科、豆科、十字花科等作物，尤其温室种花卉、茄果类植物受害最重。它的危害方式多样，直接取食导致叶片斑驳枯死，取食花朵导致花朵过早凋落，引起花蕊畸变，取食果实，导致水果表面形成伤痕；间接危害可传播多种病毒病，导致更多的损失。危害对象主要是蔬菜、烟草、花卉和果树等重要的经济作物，常年对作物造成的损失为30%~50%，而严重年份可导致作物绝产绝收（发生区域分布见附图1-21）。

第三章

滨州市各区县农业外来入侵物种发生现状

《滨州市农业外来入侵物种发生与防治》

《滨州市农业外来入侵物种发生与防治》

第一节 县　市
第二节 博兴　平县
第三节 邹平　棣城区
第四节 无棣　城民区
第五节 滨城　惠民县
第六节 惠民　沾化区
第七节 沾阳　信

第三章 滨州市各区县农业外来入侵物种发生现状

第一节 博 兴 县

一、博兴县农业外来入侵物种组成

根据山东省277种农业外来入侵物种参考清单，博兴县分布有66种（其中，入侵植物54种；入侵病虫害12种），占总数的23.8%。山东省181种入侵植物中，博兴县分布有54种，占总数的29.8%；从科属构成来看，博兴县54种入侵植物含14科35属，菊科和苋科构成了博兴县入侵植物的总体，2科共计28种，占总种数的51.9%；其中以菊科种类最多（18种），其次是苋科（10种）。从各科的物种数分析，大于10种的科有1个，2~5种的科有2个，2~3种的科有5个，仅有1个物种的科有4个（图3-1）。

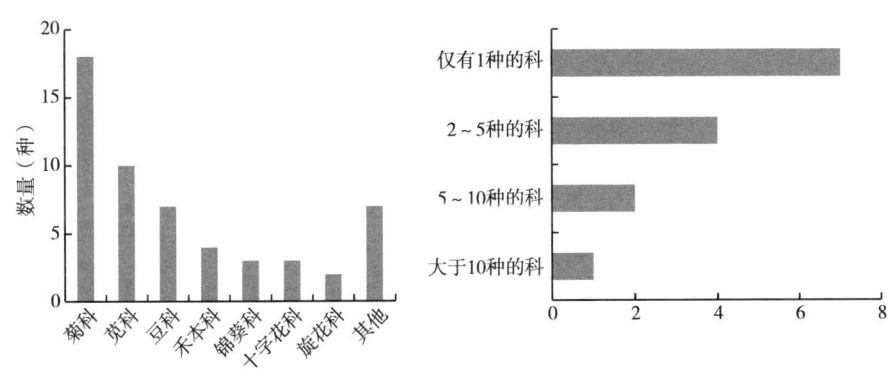

图3-1 博兴县外来入侵植物各科组成

博兴县54种入侵植物，包括反枝苋、皱果苋、苦苣菜、钻叶紫菀、圆叶牵牛、牵牛、苏门白酒草、黄顶菊、小藜、菊芋、鬼针草、香附子、婆婆针、意大利苍耳、鳢肠、大狼杷草、垂序商陆、苘麻、凹头苋、秋英、小蓬草、苜蓿、荠、野胡萝卜、北美苋、密花独行菜、续断菊、灰绿藜、黑麦草、节节麦、一年蓬、北美独行菜、草木樨、白车轴草、杂种车轴草、钝叶决明、黄花棯、野西瓜苗、香丝草、杂配藜、苋、刺槐、绿穗苋、万寿菊、苦蘵、多花百日菊、大麻、黄秋英、南苜蓿、野燕麦、合被苋、多花黑麦草、小花山桃草、斑地锦草。

山东91种入侵病虫害中，博兴县分布有12种，占总数的13.2%；其中昆虫类包括美国白蛾、烟粉虱、悬铃木方翅网蝽、美洲斑潜蝇、二斑叶螨、南美斑潜蝇、西花蓟马、麦蛾、腐烂茎线虫。半翅目粉虱科1种（烟粉虱），双翅目潜蝇科2种（美洲斑潜蝇、南美斑潜蝇），半翅目网蝽科1种（悬铃木方翅网蝽），鳞翅目灯蛾科1种（美国白蛾），鳞翅目麦蛾科1种（麦蛾），蜱螨目叶螨科1种（二斑叶螨），缨翅目蓟马科1种（西花蓟马），垫刃目粒科（腐烂茎线虫）。病毒及类病毒包括双生病毒科番茄黄化曲叶病毒、帚状病毒科黄瓜绿斑驳花叶病毒、豇豆花叶病毒科番茄环斑病毒。

二、博兴县农业外来入侵物种入侵等级划分

根据《全国外来入侵物种清单及其风险管理等级》名录以及入侵植物生物学特征和生态学特性、原产地自然地理分布信息、入侵范围、对入侵地生态环境的危害和对国民经济产生的影响等，将博兴县54种农业外来入侵植物划分为5个等级。其中，一级入侵物种2个，包括大狼耙草、黄顶菊；二级入侵物种10个，包括反枝苋、苏门白酒草、钻叶紫菀、意大利苍耳、鬼针草、小蓬草、节节麦、大麻、绿穗苋和一年蓬；三级入侵物种24个，包括皱果苋、苘麻、圆叶牵牛、婆婆针、秋英、野胡萝卜、垂序商陆、凹头苋、圆叶牵牛、续断菊、北美苋、北美独行菜、杂配藜、白车轴草、香丝草、荠、斑地锦草、野燕麦、黄秋英、万寿菊、小花山桃草、苦蘵、合被苋和灰绿藜；四级入侵物种8个，包括苦苣菜、牵牛、黑麦草、密花独行菜、钝叶决明、苋、多花百日菊和多花黑麦草；待观察物种10个。一级入侵植物中，2种均属于菊科；二级入侵植物中，菊科有6种，苋科有2种，禾本科有1种，大麻科有1种；三级入侵植物中，菊科6种，苋科6种，十字花科2种，锦葵科2种，商陆科1种，伞形科1种，茄科1种，豆科1种，旋花科1种，柳叶菜科1种，大戟科1种，禾本科1种。

博兴县12种入侵病虫害根据《全国外来入侵物种清单及其风险管理等级》名录进行划分，其中属于一级物种的有2种，番茄黄化曲叶病毒和腐烂茎线虫；属于二级物种的有8种，包括美国白蛾、烟粉虱、悬铃木方翅网蝽、美洲斑潜蝇、二斑叶螨、西花蓟马、黄瓜绿斑驳花叶病毒和番茄环斑病毒；属于三级物种的有1种，南美斑潜蝇；属于四级物种的有1种，麦蛾。

三、博兴县农业外来入侵物种分布、危害及入侵风险组成

（一）博兴县入侵物种的水平分布格局

经统计，博兴县曹王镇是分布入侵植物种数最多的乡镇，有27种；其次是城东街道有27种。庞家镇和陈户镇均为25种，吕艺镇24种，纯化镇22种，湖滨镇和店子镇均为20种，兴福镇和锦秋街道均有19种，乔庄镇17种，博昌街道仅有6种。由此可知，曹王镇、庞家镇、陈户镇、纯化镇由于区域内均有铁路经过，因此入侵植物种类较多；其次是河流分布比较丰富的区域，如吕艺镇、兴福镇、乔庄镇。博昌街道由于辖区较小，又位于博兴县城区，因此入侵物种较少。总体来说，博兴县行政区域内，铁路、高速公路沿线、河流附近入侵植物种类相对较多，县城城区可能是由于靠近县行政中心，人为管理的比较多，因此入侵植物种类较少。

在调查的55个行政村中，入侵植物物种数在10种及以上的村有10个，锦秋街道傅桥村、曹王镇曹王一村和纯化镇贾家村物种最多，均有14种；其次是庞家镇刘寨村和湖滨镇姜韩村，有13种；庞家镇安家村、店子镇店子村和陈户镇赵家村均为12种；纯化镇纯辛村和乔庄镇盖家村有11种。入侵植物物种数在8～10种的村有25个，其中城东街道董高村、吕艺镇马家村和纯化镇小孙家村物种数均为10种，物种数是9种的有15个（庞家镇祁家村、庞家镇郭家村、锦秋街道西赵村、锦秋街道西闸村、锦秋街道湾头村、曹王镇贾杨村、曹王镇曹一村、兴福镇南吴村、兴福镇王桥村、店子镇董官庄村、店子镇耿郭村、城东街道堤上村、吕艺镇崔庙村、陈户镇官王村、纯化镇止河村），物种数是8种的村有8个（曹王镇东孙村、兴福镇兴益村、兴福镇张吴村、城东街道顾家村、陈户镇聚合村、陈户镇肖家村、乔庄镇东张王村、乔庄镇谭家村）；物种数是5～7种的村有17个，其中物种数是7种的有4个（庞家镇张庄村、湖滨镇西二村、湖滨镇西门村、城东街道相公堂村），物种数是6种的村有7个（湖滨镇姜韩村、曹王镇东鲁村、店子镇张刘村、店子镇辛张村、吕艺镇阎坊村、吕艺镇夹河村、陈户镇毕家村），物种数是5种的村有6个（博昌街道伏李村、博昌街道东伏村、湖滨镇丈八佛村、兴福镇初桥村、城东街道鲍陈村、吕艺镇刘官五村）；物种数在5种以下的村有2个，为乔庄镇王平村和店子镇大吾杨村入侵植物物种数分别为4种和3种（图3-2）。

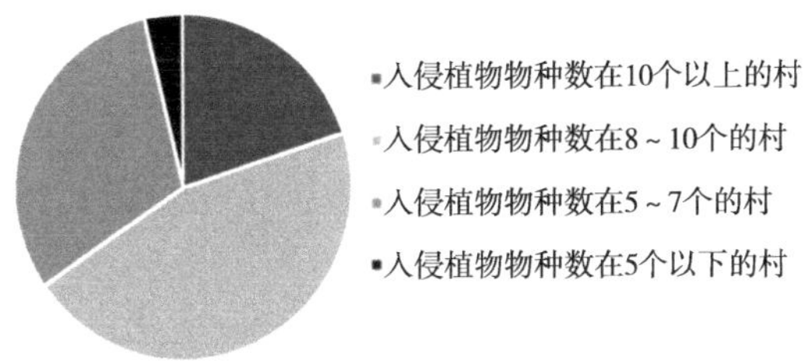

图3-2 博兴县各村落入侵植物物种分布数量

在博兴县调查的55个行政村中，出现频次超过50%（即在超过27个踏查点均有分布）的入侵植物物种有4种，分别是苏门白酒草（76.4%）、反枝苋（63.6%）、苦苣菜（60%）、小藜（56.4%）；出现频次在30%~50%的入侵植物物种有7种，分别是皱果苋（45.5%）、鳢肠（43.64%）、钻叶紫菀（40%）、苘麻（40%）、意大利苍耳（38.2%）、北美苋（36.4%）、菊芋（32.7%）；出现频次在15%~30%的入侵植物物种有6种，分别是圆叶牵牛（29.1%）、续断菊（27.3%）、凹头苋（27.3%）、鬼针草（23.6%）、牵牛（18.2%）、小蓬草（16.4%）；出现频次在5%~15%的入侵植物物种有14种，分别是灰绿藜（14.6%）、密花独行菜（12.7%）、野西瓜苗（10.9%）、杂配藜（9.1%）、大狼杷草（7.3%）、节节麦（7.3%）、婆婆针（7.3%）、苋（7.3%）、草木樨（7.3%）、一年蓬（5.5%）、野胡萝卜（5.5%）、北美独行菜（5.5%）、合被苋（5.5%）、多花百日菊（5.5%）；其余23种入侵植物在博兴县各行政村出现的频次小于5%，即在各个踏查点出现次数为1~2次，入侵频率较低（图3-3）。

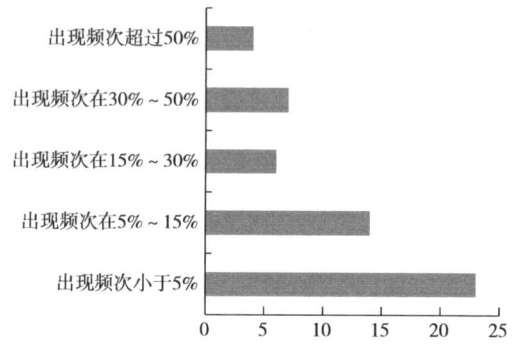

图3-3 博兴县外来入侵植物出现频次统计

出现频次较高的6种入侵植物物种中，二级入侵物种有2种（反枝苋、苏门白酒草）；三级入侵物种有1种（皱果苋）；四级入侵物种有1种（苦苣菜），其余是待观察种。其中，反枝苋在博兴县调查的12个乡镇均有不同程度的入侵发生，但皆为轻度入侵，发生生境包括耕地、城镇村及工矿用地、交通运输用地及水域及水利设施用地四大生境，其中耕地、交通运输用地和水域及水利设施用地为主要发生生境，主要危害农业生产和生态系统，发生面积1 090.6亩；苏门白酒草也是在博兴县10个乡镇均有不同程度的入侵，其中在锦秋街道、湖滨镇和陈户镇有重度入侵发生，在兴福镇和店子镇有中度入侵发生，发生生境覆盖耕地、城镇村及工矿用地、交通运输用地及水域及水利设施用地四大生境，以交通运输用地和耕地为主，主要危害农业生产和生态系统，发生面积8 632.6亩。

（二）博兴县一级入侵物种分布、危害及入侵风险

博兴县一级入侵物种有4种，分别是黄顶菊、大狼耙草、腐烂茎线虫和番茄黄化曲叶病毒；二级入侵物种有18种，分别是反枝苋、苏门白酒草、钻叶紫菀、意大利苍耳、鬼针草、小蓬草、节节麦、大麻、绿穗苋、一年蓬、美国白蛾、烟粉虱、悬铃木方翅网蝽、美洲斑潜蝇、二斑叶螨、西花蓟马、番茄环斑病毒和黄瓜绿斑驳花叶病毒（图3-4）。

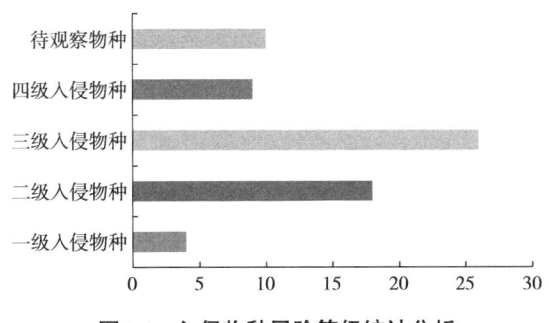

图3-4 入侵物种风险等级统计分析

四、博兴县不同生境入侵植物物种组成

博兴县植物标准样地主要涉及耕地、城镇村及工矿用地、水域及水利设施用地和交通运输用地四大生境。经调查，耕地的入侵植物物种数量为4，包括皱果苋、婆婆针、意大利苍耳、黄顶菊；交通运输用地的入侵植物物种数量为3，包括钻叶紫菀、多花黑麦草、苦苣菜；城镇村及工矿用地和水域及水利设施用地的入侵植物均仅有一种，分别为钻叶紫菀和意大利苍耳。综上可见，农业外来入侵植物在博兴县各生境的物种数：耕地>交通运输用地>城镇村及工矿用地/水域及水利设施用地。

五、博兴县不同生境入侵植物种群盖度及分布特征

标准样地踏查发现一级入侵植物有1种，黄顶菊；二级入侵植物有3种，分别是苏门白酒草、钻叶紫菀、意大利苍耳；三级入侵植物有2种，是皱果苋和婆婆针；四级入侵植物有2种，是多花黑麦草、苦苣菜。

黄顶菊发生在耕地生境，标准样地内的种群盖度为64%。钻叶紫菀主要在耕地和交通运输用地两大生境分布，标准样地内的种群盖度为59%。意大利苍耳在耕地和水域及水利设施用地生境分布，标准样地内的种群盖度为62%。皱果苋

主要在耕地生境分布，标准样地内的种群盖度为59%。婆婆针主要分布在耕地生境，标准样地内的种群盖度为74%。多花黑麦草主要分布在交通运输用地，标准样地内的种群盖度为83%。苦苣菜主要分布在交通运输用地，标准样地内的种群盖度为52%。

六、博兴县主要外来入侵病虫发生生境及危害

博兴县共设置7个病虫害标准样地（曹王镇东孙村、庞家镇焦集村、乔庄镇东张王村、店子镇辛张村、曹王镇东孙村、曹王镇贾杨村、兴福镇初桥村），每个标准样地位点设置3~5个样方。调查发现，有2级入侵物种西花蓟马、烟粉虱、悬铃木方翅网蝽、美洲斑潜蝇、二斑叶螨5种。

西花蓟马发生在曹王镇东孙村，发生生境为园地，危害寄主作物为彩椒、辣椒，危害部位为花朵，受害株率为20%~50%。烟粉虱发生在乔庄镇东张王村、店子镇辛张村，发生生境包括耕地、园地、城镇村及工矿用地、交通运输用地和水域及水利设施用地，危害寄主作物为棉花、番茄，危害部位为叶片，受害株率10%~30%。悬铃木方翅网蝽发生在兴福镇初桥村，覆盖交通运输用地和水域及水利设施用地生境，危害寄主作物为法国梧桐，危害部位为叶片，受害株率70%~80%。美洲斑潜蝇发生在庞家镇焦集村、曹王镇东孙村，属于耕地、园地生境，危害寄主作物为番茄和丝瓜，危害部位为叶片，受害株率100%。二斑叶螨发生在曹王镇贾杨村，覆盖耕地和水域及水利设施用地2个生境，危害寄主作物为玉米，危害部位为叶片，受害株率20%~40%。

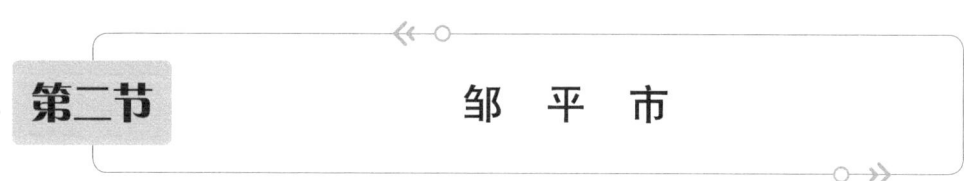

第二节　邹　平　市

一、邹平市农业外来入侵物种组成

根据山东省277种农业外来入侵物种参考清单，邹平市分布有66种（其中，入侵植物53种；入侵病虫害11种；入侵水生动物2种），占总数的23.8%。山东省

181种入侵植物中，邹平市分布有53种，占总数的29.2%；从科属构成来看，邹平市53种入侵植物含14科35属，菊科和苋科构成了邹平市入侵植物的总体，2科共计32种，占总种数的60.4%；其中以菊科种类最多（21种），其次是苋科（11种）。从各科的物种数分析，大于10种的科有2个，2～5种的科有1个，2～3种的科有5个，仅有1种物种的科有7个。详见图3-5。

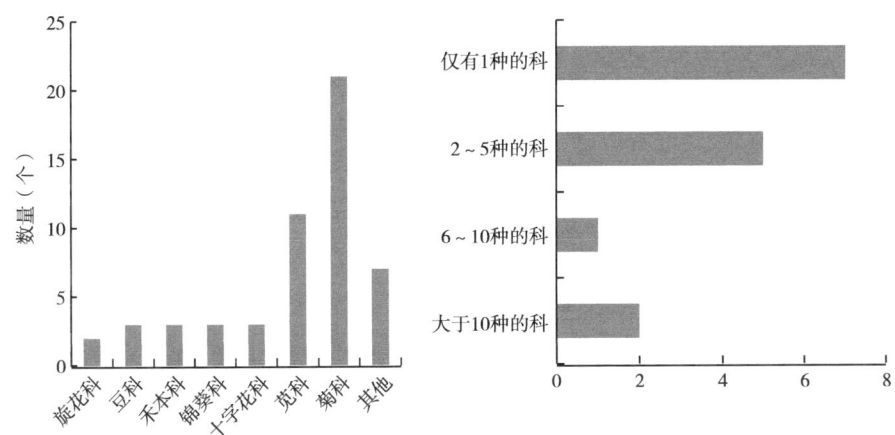

图3-5　邹平市外来入侵植物各科分析

邹平市53种入侵植物，包括反枝苋、皱果苋、苦苣菜、钻叶紫菀、圆叶牵牛、牵牛、苏门白酒草、黄顶菊、小藜、菊芋、鬼针草、香附子、婆婆针、意大利苍耳、鳢肠、大狼耙草、垂序商陆、苘麻、凹头苋、秋英、小蓬草、苜蓿、荠、野胡萝卜、北美苋、密花独行菜、续断菊、灰绿藜、黑麦草、节节麦、一年蓬、北美独行菜、草木樨、黄花稔、野西瓜苗、香丝草、杂配藜、苋、刺槐、绿穗苋、万寿菊、苦蘵、多花百日菊、大麻、黄秋英、合被苋、多花黑麦草、小花山桃草、齿裂大戟、藿香蓟、剑叶金鸡菊、天人菊、长芒苋。

山东91种入侵病虫害中，邹平市分布有11种，占总数的12.1%；其中昆虫类包括美国白蛾、烟粉虱、悬铃木方翅网蝽、美洲斑潜蝇、二斑叶螨、南美斑潜蝇、麦蛾、番茄潜叶蛾。半翅目粉虱科1种（烟粉虱），双翅目潜蝇科2种（美洲斑潜蝇、南美斑潜蝇），半翅目网蝽科1种（悬铃木方翅网蝽），鳞翅目灯蛾科1种（美国白蛾），蜱螨目叶螨科1种（二斑叶螨）、鳞翅目麦蛾科2种（番茄潜叶蛾、麦蛾）。病毒及类病毒包括双生病毒科番茄黄化曲叶病毒、豇豆花叶病毒科烟草环斑病毒。细菌类包括放线菌目微杆菌科番茄细菌性溃疡病菌。

二、邹平市农业外来入侵物种入侵等级划分

根据《全国外来入侵物种清单及其风险管理等级》名录以及入侵植物生物学特征和生态学特性、原产地自然地理分布信息、入侵范围、对入侵地生态环境的危害和对国民经济产生的影响等，将邹平市54种农业外来入侵植物划分为5个等级。其中，一级入侵物种3种，包括大狼耙草、黄顶菊、长芒苋；二级入侵物种11种，包括反枝苋、苏门白酒草、钻叶紫菀、意大利苍耳、鬼针草、小蓬草、节节麦、大麻、绿穗苋、藿香蓟和一年蓬；三级入侵物种23种，包括皱果苋、苘麻、圆叶牵牛、婆婆针、秋英、野胡萝卜、垂序商陆、凹头苋、续断菊、北美苋、北美独行菜、杂配藜、香丝草、茅、黄秋英、万寿菊、小花山桃草、苦蘵、合被苋、齿裂大戟、野西瓜苗、剑叶金鸡菊和灰绿藜；四级入侵物种7种，包括苦苣菜、牵牛、黑麦草、密花独行菜、苋、多花百日菊和多花黑麦草；待观察物种9种。一级入侵植物中，2种属于菊科，1种属于苋科；二级入侵植物中，菊科有7种，苋科有2种，禾本科有1种，大麻科有1种；三级入侵植物中，菊科7种，苋科6种，十字花科2种，锦葵科2种，商陆科1种，伞形科1种，茄科1种，旋花科1种，柳叶菜1种，大戟科1种。

邹平市11种入侵病虫害根据《全国外来入侵物种清单及其风险管理等级》名录进行划分，其中属于一级物种的有2种，番茄潜叶蛾和番茄黄化曲叶病毒；属于二级物种的有7种，包括美国白蛾、烟粉虱、悬铃木方翅网蝽、美洲斑潜蝇、二斑叶螨、烟草环斑病毒和番茄细菌性溃疡病菌；属于三级物种的有1种，南美斑潜蝇；属于四级物种的有1种，麦蛾。

三、邹平市农业外来入侵物种分布、危害及入侵风险

（一）邹平市入侵物种的水平分布格局

经统计，码头镇是邹平市分布入侵植物种数最多的乡镇，有25种；其次是魏桥镇和青阳镇均有23种；台子镇和明集镇均有21种；孙镇、西董街道、焦桥镇均有20种；九户镇、长山镇均有19种；韩店镇为18种，临池镇有19种，好生街道有9种。由此可知，码头镇镇由于毗邻黄河，区域内又有高速公路经过，因此入侵植物种类最多。其次是魏集镇，区域内有小清河贯穿，又有工业园区，往来车辆比较多；青阳镇内有高速公路和国道贯穿，还有漯河流经，因此入侵植物种类较多。好生街道因为在市区，辖区范围较小，且人为管理的比较多，因此入侵植物

种类最少。总体来说,邹平市行政区域内西部地区铁路、高速公路沿线、河流附近入侵植物种类较多,县城城区可能是由于靠近县行政中心,人为管理的比较多,因此入侵植物种类较少。

在调查的58个行政村中,入侵植物物种数在10种及以上的村有4个,长山镇后洼村入侵植物种类最多,有14种;其次是码头镇小牛王村和长山镇西鲍鱼村,均有12种;西董街道宋家庄村有11种。入侵植物物种数在8~10种的村有28个,其中入侵植物种类是10种的有7个(魏桥镇麻张村、孙镇时家村、孙镇孙镇村、码头镇路家村、青阳镇醴泉村、西董街道东赵村、焦桥镇史辛村),物种数是9种的有8个(韩店镇苏家庄村、台子镇豆八村、台子镇方家村、码头镇延东村、明集镇大张官村、青阳镇西窝陀村、焦桥镇董家庄村、长山镇前石村),物种数是8种的村有13个(魏桥镇西码头村、魏桥镇堂子村、魏桥镇甜水村、九户镇东风村、台子镇小芦村、台子镇台西村、码头镇甜水村、明集镇大张官庄村、青阳镇东窝陀村、青阳镇马埠村、西董街道南塘村、好生街道曹家村、临池镇大坊村);物种数是5~7种的村有23个,其中物种数是7种的有8个(魏桥镇郑家村、韩店镇青眉村、孙镇霍坡村、孙镇大里庄村、九户镇陈玉平村、九户镇刘祥村、明集镇解家村、长山镇小赵庄村),物种数是6种的村有9个(韩店镇官庄村、韩店镇小言村、九户镇都路平村、九户镇张德佐村、西董街道坊子村、临池镇小坊村、临池镇桥子村、焦桥镇郭家庄村、焦桥镇杜家村),物种数是5种的村有6个(魏桥镇河沟崖村、孙镇张家村、台子镇张博村、码头镇任家村、明集镇惠辛村、西董街道太平村);物种数在5种以下的村有3个,为韩店镇东王村、明集镇段桥村、好生街道山旺村,入侵植物物种数均为3种(图3-6)。

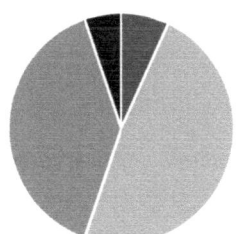

图3-6 邹平市各村落入侵植物物种分布数量

在邹平市调查的58个踏查点中,出现频次超过50%(即在超过29个踏查点均有分布)的入侵植物物种有3种,分别是反枝苋(70.7%)、苏门白酒草(69%)、小藜(58.6%);出现频次在30%~50%的入侵植物物种有7种,分别是鳢肠(50%)、牵牛(39.7%)、苘麻(39.2%)、圆叶牵牛(36.2%)、鬼针草（32.8%）、意大利苍耳（32.8%）、皱果苋（31%）；出现频次在15%～30%的入侵植物物种有6种，分别是凹头苋（25.9%）、钻叶紫菀（24.1%）、苦苣菜（24.1%）、菊芋（24.1%）、续断菊（20.7%）、小蓬草（17.2%）；出现频次在5%～15%的入侵植物物种有15种，分别是北美苋（13.8%）、荠（12.1%）、密花独行菜（12.1%）、垂序商陆（10.3%）、节节麦（8.6%）、一年蓬（8.6%）、婆婆针（8.6%）、香附子（8.6%）、野胡萝卜（6.9%）、杂配藜（6.9%）、黑麦草（6.9%）、大麻（5.2%）、绿穗苋（5.2%）、灰绿藜（5.2%）、刺槐（5.2%）；其余22种入侵植物在邹平市各行政村出现的频次小于5%，即在各个踏查点出现次数为1～2次，入侵频率较低（图3-7）。

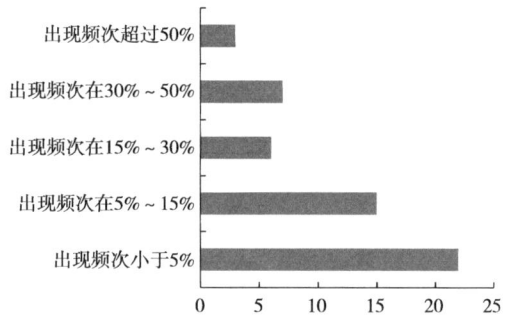

图3-7 邹平市外来入侵植物出现频次统计

出现频次较高的6个入侵植物物种中，二级入侵物种有2个（反枝苋、苏门白酒草）；三级入侵物种有1个（苘麻）；四级入侵物种有1个（牵牛），其余是待观察种。其中，反枝苋在邹平市调查的13个乡镇均有不同程度的入侵发生，在魏桥镇和码头镇有中度入侵发生，发生生境包括耕地、园地、城镇村及工矿用地、交通运输用地及水域及水利设施用地五大生境，其中耕地和交通运输用地为主要发生生境，主要危害农业生产和生态系统，发生面积9 067.7亩；苏门白酒草也是在邹平市13个乡镇均有不同程度的入侵，在孙镇、台子镇、好生街道有重度入侵发生，在焦桥镇有中度入侵发生，发生生境覆盖耕地、城镇村及工矿用地、交通运输用地及水域及水利设施用地四大生境，以交通运输用地和耕地为主，主要危害农业生产和生态系统，发生面积12 301.4亩。

（二）邹平市一级入侵物种分布、危害及入侵风险

邹平市一级入侵物种有5个，分别是黄顶菊、大狼耙草、长芒苋、番茄潜叶蛾和番茄黄化曲叶病毒；二级入侵物种有18个，分别是反枝苋、苏门白酒草、钻

叶紫菀、意大利苍耳、鬼针草、小蓬草、节节麦、大麻、绿穗苋、一年蓬、藿香蓟、美国白蛾、烟粉虱、悬铃木方翅网蝽、美洲斑潜蝇、二斑叶螨、烟草环斑病毒和番茄细菌性溃疡病菌（图3-8）。

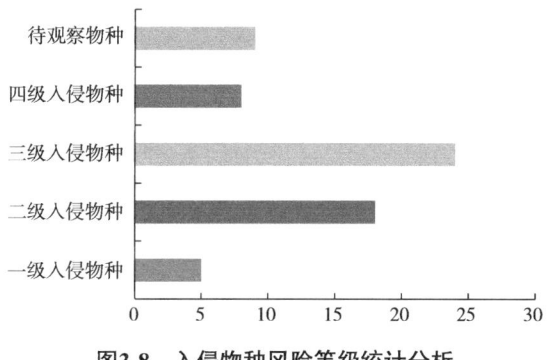

图3-8 入侵物种风险等级统计分析

四、邹平市不同生境入侵植物物种组成

邹平市植物标准样地主要涉及耕地、园地和交通运输用地三大生境。经调查，耕地的入侵植物物种数量为6，包括节节麦、意大利苍耳、反枝苋、钻叶紫菀、鬼针草、鳢肠；交通运输用地的入侵植物物种数量为4，包括垂序商陆、黄顶菊、钻叶紫菀、鬼针草；园地的入侵植物均仅有一种，为鬼针草。综上可见，农业外来入侵植物在邹平市各生境的物种数：耕地＞交通运输用地＞园地。

五、邹平市不同生境入侵植物种群盖度及分布特征

标准样地踏查发现一级入侵植物有1种，黄顶菊；二级入侵植物有5种，分别是节节麦、意大利苍耳、反枝苋、鬼针草、钻叶紫菀；三级入侵植物有1种，是垂序商陆；其余1种为待观察种，鳢肠。

黄顶菊发生在交通运输用地生境，标准样地内的种群盖度为58%。钻叶紫菀主要在耕地和交通运输用地两大生境分布，标准样地内的种群盖度为69%。意大利苍耳在耕地生境分布，标准样地内的种群盖度为69%。反枝苋主要在耕地生境分布，标准样地内的种群盖度为56%。鬼针草主要分布在耕地、园地、交通运输用地生境，标准样地内的种群盖度为54.5%。节节麦主要分布在耕地生境，标准样地内的种群盖度为22.5%。垂序商陆主要分布在交通运输用地，标准样地内的

种群盖度为90%。鳢肠主要分布在耕地生境，标准样地内的种群盖度为73%。

六、邹平市主要外来入侵病虫发生生境及危害

邹平市共设置4个病虫害标准样地（孙镇张家庄村、九户镇张德佐村、九户镇都路平村、台子镇豆八村），每个标准样地位点设置3～5个样方。调查发现，有2级入侵物种烟粉虱、悬铃木方翅网蝽、美国白蛾、二斑叶螨4种。

烟粉虱发生在九户镇都路平村，发生生境为耕地，危害寄主作物为棉花、番茄，危害部位为叶片，受害株率40%～60%。悬铃木方翅网蝽发生九户镇张德佐村，覆盖交通运输用地和耕地生境，危害寄主作物为法国梧桐，危害部位为叶片，受害株率10%～30%。美国白蛾发生在台子镇豆八村，属于耕地、交通运输用地生境，危害寄主作物为番茄，危害部位为叶片，受害株率70%～80%。二斑叶螨发生在孙镇张家庄村，发生生境为耕地，危害寄主作物为草莓，危害部位为叶片，受害株率10%～40%。

第三节　无　棣　县

一、无棣县农业外来入侵物种组成

根据山东省277种农业外来入侵物种参考清单，无棣县分布有60种（其中，入侵植物53种；入侵病虫害7种），占总数的21.7%。山东省181种入侵植物中，无棣县分布有53种，占总数的29.3%；从科属构成来看，无棣县53种入侵植物含14科41属，菊科和苋科构成了无棣县入侵植物的总体，2科共计26种，占总种数的49.1%；其中以菊科种类最多（18种），其次是苋科（8种）。从各科的物种数分析，大于10种的科有1个，6～10种的科有1个，2～5种的科有8个，仅有1个物种的科有4个（图3-9）。

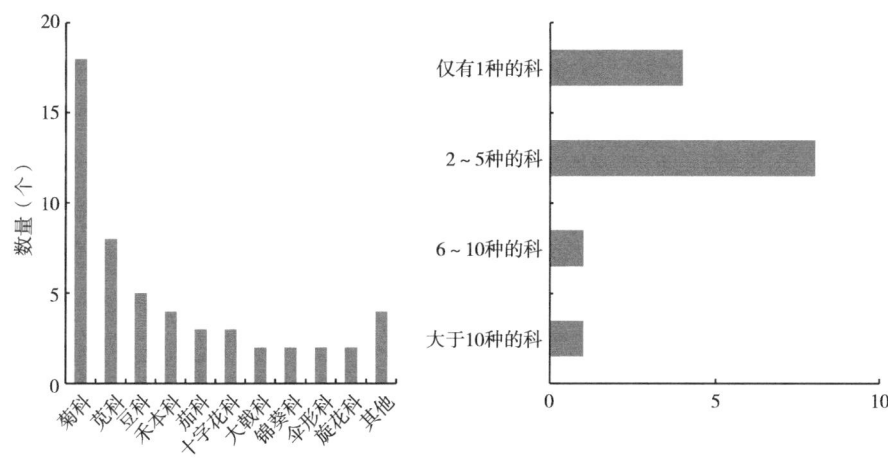

图3-9 无棣县外来入侵植物各科分析

无棣县53种入侵植物，包括反枝苋、皱果苋、苦苣菜、钻叶紫菀、圆叶牵牛、牵牛、苏门白酒草、黄顶菊、小藜、菊芋、鬼针草、香附子、婆婆针、意大利苍耳、鳢肠、大狼耙草、垂序商陆、苘麻、凹头苋、小蓬草、苜蓿、荠、野胡萝卜、北美苋、密花独行菜、续断菊、灰绿藜、黑麦草、节节麦、北美独行菜、草木樨、白车轴草、野西瓜苗、香丝草、杂配藜、刺槐、万寿菊、苦蘵、多花百日菊、野燕麦、合被苋、小花山桃草、斑地锦草、剑叶金鸡菊、曼陀罗、毛曼陀罗、细叶旱芹、蓖麻、紫穗槐、加拿大一枝黄花、豚草、北美车前、互花米草。

山东91种入侵病虫害中，无棣县分布有7种，占总数的7.7%；其中昆虫类包括烟粉虱、美洲斑潜蝇、二斑叶螨、南美斑潜蝇、西花蓟马。其中，半翅目粉虱科1种（烟粉虱），双翅目潜蝇科2种（美洲斑潜蝇、南美斑潜蝇），蜱螨目叶螨科1种（二斑叶螨）、缨翅目蓟马科1种（西花蓟马）。病毒及类病毒包括双生病毒科番茄黄化曲叶病毒、帚状病毒科黄瓜绿斑驳花叶病毒。

二、无棣县农业外来入侵物种入侵等级划分

根据《全国外来入侵物种清单及其风险管理等级》名录以及入侵植物生物学特征和生态学特性、原产地自然地理分布信息、入侵范围、对入侵地生态环境的危害和对国民经济产生的影响等，将无棣县53种农业外来入侵植物划分为5个等级。其中，一级入侵物种4种，包括大狼耙草、黄顶菊、互花米草和豚草；二级入侵物种9种，包括反枝苋、苏门白酒草、钻叶紫菀、意大利苍耳、鬼针草、小

蓬草、节节麦、北美车前和加拿大一枝黄花；三级入侵物种26个，包括皱果苋、苘麻、圆叶牵牛、婆婆针、野胡萝卜、垂序商陆、凹头苋、圆叶牵牛、续断菊、北美苋、北美独行菜、杂配藜、白车轴草、香丝草、荠、斑地锦草、野燕麦、万寿菊、小花山桃草、苦蘵、合被苋、剑叶金鸡菊、曼陀罗、毛曼陀罗、细叶旱芹和灰绿藜；四级入侵物种5个，包括苦苣菜、牵牛、黑麦草、密花独行菜和多花百日菊；待观察物种10种。一级入侵植物中，3种属于菊科，1种属于禾本科；二级入侵植物中，菊科有6种，苋科有1种，禾本科有1种，车前科有1种；三级入侵植物中，菊科5种，苋科6种，茄科3种，十字花科2种，锦葵科2种，伞形科2种，商陆科1种，豆科1种，旋花科1种，柳叶菜1种，大戟科1种，禾本科1种。

无棣县7种入侵病虫害根据《全国外来入侵物种清单及其风险管理等级》名录进行划分，其中属于一级物种的有1种，番茄黄化曲叶病毒；属于二级物种的有5种，包括：烟粉虱、美洲斑潜蝇、二斑叶螨、西花蓟马、黄瓜绿斑驳花叶病毒；属于三级物种的有1种，为南美斑潜蝇。

三、无棣县农业外来入侵物种分布、危害及入侵风险

（一）无棣县入侵物种的水平分布格局

经统计，无棣县车王镇是分布入侵植物种数最多的乡镇，有31种；其次是棣丰街道有26种。小泊头镇和水湾镇均为23种，海丰街道和信阳镇均有20种，碣石山镇18种，埕口镇15种，佘家镇11种，西小王镇10种，柳堡镇和马山子镇均为9种。由此可知，车王镇区域内有滨榆线贯穿，又有马峡河、德惠新河两条河流经过，且毗邻铁路，因此入侵植物种类最多；其次是小泊头镇和水湾镇，也是毗邻铁路且境内交通运输比较发达，增加了外来入侵物种的传播途径。总体来说，无棣县行政区域内，西部地区由于贯穿铁路、河流、交通枢纽比较多，因此入侵植物种类相对较多，东南部地区入侵植物种类相对较少。

在调查的50个行政村中，入侵植物物种数在10种及以上的村有9个，海丰街道东南关新村物种最多，均有17种；其次是棣丰街道梁白杨村和小泊头镇丁王庄村，均有16种；车王镇范道上村有14种；车王镇五营中村和水湾镇王十虎村均有13种；碣石山镇马家道口村和韩家码头村均有12种；信阳镇通判一村有11种。入侵植物物种数在8~10种的村有12个，其中车王镇吕家邢王村和小泊头镇梁郑王村均为10种，小泊头镇筛罗坡村、小泊头镇李眨河村、埕口镇孙家眨河村都是9种，物种数是8种的村有7个（车王镇崔家村、车王镇大李邢王村、车王镇温杨

村、碣石山镇张家码头村、埕口镇牛岚东村、信阳镇后挂口村、马山子镇杨庄子村);物种数是5~7种的村有24个,其中物种数是7种的有5个(碣石山镇大吴家码头村、柳堡镇阎家庄村、佘家镇刘家仓村、佘家镇杜家仓村、水湾镇大高家村),物种数是6种的村有13个(棣丰街道东袁村、棣丰街道河沟村、海丰街道时代华庭社区、车王镇翟家村、小泊头镇邢郑王村、信阳镇郝家沟、信阳镇郭来仪村、信阳镇宗西村、西小王镇曹家村、水湾镇后孟桥村、水湾镇周家村、水湾镇都富屯村、棣丰街道前坡徐村),物种数是5种的村有6个(埕口镇塘坊村、信阳镇前胡阳村、信阳镇城后吴村、柳堡镇大王柳村、西小王镇陈庄子村、西小王镇小屯河北村);物种数在5种以下的村有5个,棣丰街道银王庙村和佘家镇商家村入侵植物物种数皆为4种;小泊头镇刘郑王村和柳堡镇郭义庄村的物种数分别为4种和3种,马山子镇,马山子村仅有1种(图3-10)。

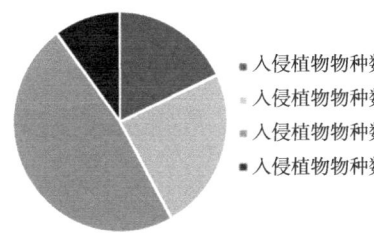

图3-10 无棣县各村落入侵植物物种分布数量

在无棣县调查的53个踏查点中,出现频次超过50%(即在超过26个踏查点均有分布)的入侵植物物种有2种,分别是小蓬草(58.5%)和野胡萝卜(52.8%);出现频次在30%~50%的入侵植物物种有4种,分别是苘麻(45.3%)、荠(39.6%)、凹头苋(32.1%)、圆叶牵牛(32.1%);出现频次在15%~30%的入侵植物物种有15种,分别是意大利苍耳(28.3%)、灰绿藜(28.3%)、黑麦草(28.3%)、密花独行菜(28.3%)、反枝苋(24.5%)、北美独行菜(24.5%)、苦苣菜(22.6%)、节节麦(20.75%)、续断菊(18.9%)、小藜(18.9%)、鬼针草(17%)、苏门白酒草(17%)、钻叶紫菀(17%)、婆婆针(17%)、皱果苋(15.1%);出现频次在5%~15%的入侵植物物种有11种,分别是合被苋(13.2%)、杂配藜(11.3%)、牵牛(11.3%)、北美车前(9.4%)、北美苋(9.4%)、菊芋(9.4%)、鳢肠(9.4%)、紫穗槐(7.6%)、曼陀罗(5.7%)、毛曼陀罗(5.7%)、野西瓜苗(5.7%);其余21种入侵植物在无棣县各行政村出现的频次小于5%,即在各个踏查点出现次数为1~2次,入侵频率较低(图3-11)。

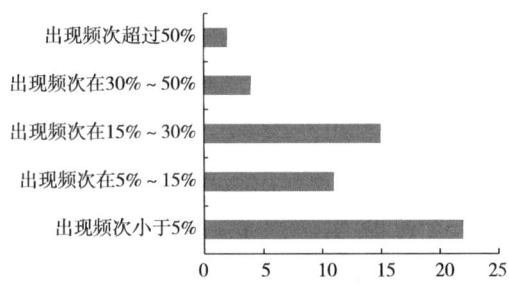

图3-11 无棣县外来入侵植物出现频次统计

出现频次较高的6种入侵植物物种中,二级入侵物种有1种(小蓬草);三级入侵物种有5种(野胡萝卜、苘麻、荠、凹头苋、圆叶牵牛)。其中,小蓬草在无棣县调查的12个乡镇均有不同程度的入侵发生,发生生境包括耕地、园地、城镇村及工矿用地、交通运输用地及水域及水利设施用地五大生境,其中交通运输用地为主要发生生境,主要危害农业生产和生态系统,发生面积175亩。

(二)无棣县一级入侵物种分布、危害及入侵风险

无棣县一级入侵物种有4种,分别是黄顶菊、大狼耙草、豚草和番茄黄化曲叶病毒;二级入侵物种有14种,分别是反枝苋、苏门白酒草、钻叶紫菀、意大利苍耳、鬼针草、小蓬草、节节麦、北美车前、加拿大一枝黄花、烟粉虱、美洲斑潜蝇、二斑叶螨、西花蓟马和黄瓜绿斑驳花叶病毒(图3-12)。

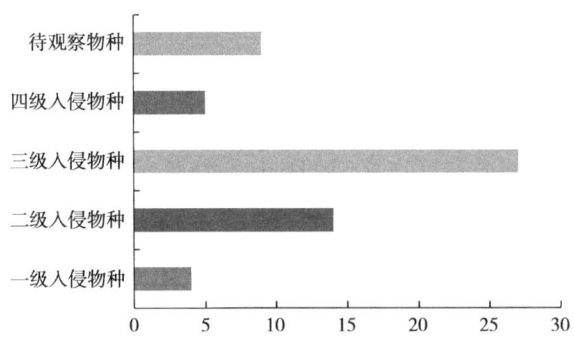

图3-12 入侵物种风险等级统计分析

四、无棣县不同生境入侵植物物种组成分析

无棣县植物标准样地主要涉及耕地、园地、城镇村及工矿用地、水域及水利

设施用地和交通运输用地两大生境。经调查，交通运输用地的入侵植物物种数量为7，包括意大利苍耳、野胡萝卜、北美独行菜、节节麦、鬼针草、婆婆针、小蓬草；城镇村及工矿用地入侵植物物种数量为3种，野胡萝卜、小蓬草、密花独行菜；水域及水利设施用地的入侵植物有2种，分别为曼陀罗和互花米草；耕地的入侵植物物种数量为1种，野胡萝卜；园地的入侵植物物种数量为1种，反枝苋。综上可见，农业外来入侵植物在无棣县各生境的物种数：交通运输用地>城镇村及工矿用地>水域及水利设施用地>耕地/园地。

五、无棣县不同生境入侵植物种群盖度及分布特征分析

标准样地踏查发现一级入侵物种有1种，为互花米草；二级入侵植物有5种，小蓬草、反枝苋、鬼针草、意大利苍耳、节节麦；三级入侵植物有3种，野胡萝卜、北美独行菜、婆婆针；四级入侵植物有1种，密花独行菜。

互花米草发生在水域及水利设施用地，标准样地内的种群盖度为100%；反枝苋发生在园地生境，标准样地内的种群盖度为5.6%；小蓬草主要在交通运输用地和城镇村及工矿用地生境分布，标准样地内的种群盖度为33.8%；鬼针草主要在交通运输用地生境分布，标准样地内的种群盖度为36.8%；意大利苍耳在交通运输用地生境分布，标准样地内的种群盖度为53%；野胡萝卜主要在耕地和城镇村及工矿用地生境分布，标准样地内的种群盖度为33%；北美独行菜主要在交通运输用地生境分布，标准样地内的种群盖度为38%；婆婆针主要在交通运输用地生境分布，标准样地内的种群盖度为21%；密花独行菜主要在城镇村及工矿用地生境分布，标准样地内的种群盖度为44%。

六、无棣县主要外来入侵病虫发生生境及危害分析

无棣县共设置3个病虫害标准样地（海丰街道徐家庙村、柳堡镇杨庄子村、海丰街道徐家庙村），每个标准样地位点设置3~5个样方。调查发现，有2级入侵物种美洲斑潜蝇、西花蓟马2种。

西花蓟马发生在海丰街道徐家庙村，发生生境为耕地，危害寄主作物为辣椒，危害部位为花朵，受害株率为50%~80%。美洲斑潜蝇发生在柳堡镇杨庄子村、海丰街道徐家庙村，属于耕地生境，危害寄主作物为番茄和棉花，危害部位为叶片，受害株率10%~100%。

第四节　滨城区

一、滨城区农业外来入侵物种组成

根据山东省277种农业外来入侵物种参考清单，滨城区分布有56种（其中，入侵植物46种；入侵病虫害10种），占总数的20.2%。山东省181种入侵植物中，滨城区分布有46种，占总数的25.4%；从科属构成来看，滨城区46种入侵植物含13科31属，菊科和苋科构成了滨城区入侵植物的总体，2科共计24种，占总种数的52.2%；其中以菊科种类最多（15种），其次是苋科（9种）。从各科的物种数分析，大于10种的科有1个，6～10种的科有2个，2～5种的科有5个，仅有1个物种的科有4个（图3-13）。

滨城区46种入侵植物，包括反枝苋、皱果苋、苦苣菜、钻叶紫菀、圆叶牵牛、牵牛、苏门白酒草、黄顶菊、小藜、菊芋、鬼针草、香附子、婆婆针、意大利苍耳、鳢肠、大狼杷草、垂序商陆、苘麻、凹头苋、蓖麻、秋英、曼陀罗、小蓬草、苜蓿、荠、野胡萝卜、北美苋、密花独行菜、续断菊、灰绿藜、黑麦草、节节麦、一年蓬、北美独行菜、草木樨、白车轴草、红车轴草、杂种车轴草、钝叶决明、黄花棯、野西瓜苗、香丝草、小酸浆、杂配藜、苋、长芒苋。

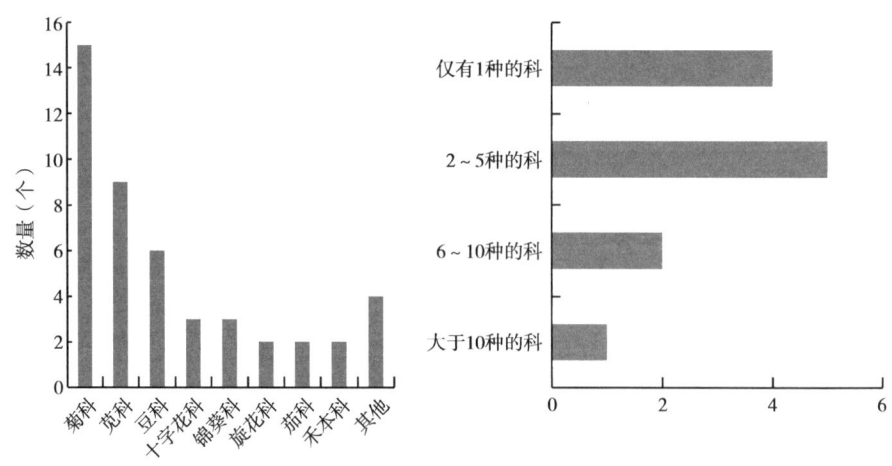

图3-13　滨城区外来入侵植物各科分析

山东91种入侵病虫害中，滨城区分布有10种，占总数的9.1%；其中昆虫类包括美国白蛾、烟粉虱、悬铃木方翅网蝽、美洲斑潜蝇、二斑叶螨、南美斑潜蝇、西花蓟马。半翅目粉虱科1种（烟粉虱），双翅目潜蝇科2种（美洲斑潜蝇、南美斑潜蝇），半翅目网蝽科1种（悬铃木方翅网蝽），鳞翅目灯蛾科1种（美国白蛾），蜱螨目叶螨科1种（二斑叶螨）、缨翅目蓟马科1种（西花蓟马）。病毒及类病毒包括双生病毒科番茄黄化曲叶病毒、帚状病毒科黄瓜绿斑驳花叶病毒；细菌类包括假单胞菌科十字花科黑斑病菌。

二、滨城区农业外来入侵物种入侵等级划分

根据《全国外来入侵物种清单及其风险管理等级》名录以及入侵植物生物学特征和生态学特性、原产地自然地理分布信息、入侵范围、对入侵地生态环境的危害和对国民经济产生的影响等，将滨城区46种农业外来入侵植物划分为5个等级。其中，一级入侵物种3个，包括大狼耙草、黄顶菊和长芒苋；二级入侵物种8个，包括反枝苋、苏门白酒草、钻叶紫菀、意大利苍耳、鬼针草、小蓬草、节节麦和一年蓬；三级入侵物种18个，包括皱果苋、苘麻、圆叶牵牛、婆婆针、曼陀罗、秋英、野胡萝卜、垂序商陆、凹头苋、圆叶牵牛、续断菊、北美苋、北美独行菜、杂配藜、白车轴草、香丝草、荨和灰绿藜；四级入侵物种8个，包括苦苣菜、牵牛、黑麦草、密花独行菜、红车轴草、钝叶决明、小酸浆、苋；待观察物种9个。一级入侵植物中，菊科有2种，苋科有1种；二级入侵植物中，菊科有6种，苋科有1种，禾本科有1种；三级入侵植物中，菊科4种，苋科5种，十字花科2种，锦葵科2种，商陆科1种，伞形科1种，茄科1种，豆科1种，旋花科1种。

滨城区10种入侵病虫害根据《全国外来入侵物种清单及其风险管理等级》名录进行划分，其中属于一级物种的有1种，番茄黄化曲叶病毒；属于二级物种的有7种，包括美国白蛾、烟粉虱、悬铃木方翅网蝽、美洲斑潜蝇、二斑叶螨、西花蓟马、黄瓜绿斑驳花叶病毒；属于三级物种的有2种，分别为南美斑潜蝇和十字花科黑斑病菌。

三、滨城区农业外来入侵物种分布、危害及入侵风险

（一）滨城区入侵物种的水平分布格局

经统计，滨城区青田街道是分布入侵植物种数最多的乡镇，有29种；其次是小营街道、梁才街道、杨柳雪镇，均为27种；滨北街道和三河湖镇分别为26种

和23种；秦皇台乡、里则街道、杜店街道均为18种；市东街道仅有4种。由此可知，青田街道、小营街道、梁才街道由于区域内包含高速公路、河流、铁路等多种要素，入侵植物种类较多；尤其是黄河流域贯穿的青田街道、小营街道、梁才街道几个街道，其次是高速公路途经区域，如杨柳雪镇、滨北街道、三河湖镇；市东街道由于辖区较小，又位于滨城区区，因此入侵物种较少。总体来说，滨城区行政区域内，东南部地区黄河流域附近入侵植物种类相对较多，西北部地区次之；中部地区可能是由于靠近县行政中心，人为管理的比较多，因此入侵植物种类较少。

在调查的54个行政村中，入侵植物物种数在10种及以上的村有10个，三河湖镇于窑家村物种最多，有18种；其次是青田街道尧洼村，有13种；杨柳雪镇牌家村和杨柳雪镇大唐家村均为12种；入侵物种为11种的有6个村（小营街道李芳合村、秦皇台乡洛王村、滨北镇义和庄村、里则街道高西村、杜店街道老官赵村、青田街道大张村）。入侵植物物种数在8～10种的村有28个，其中物种数是10种的有9个（小营街道东齐村、小营街道黄王庄村、小营街道东皂户李村、梁才街道西刘庄村、梁才街道西宋村、三河湖镇河东李村、里则街道小吴家村、杜店街道库李家村、青田街道西刘家村），物种数是9种的有7个（梁才街道孙家楼村、梁才街道马店村、滨北街道杨挠头村、滨北街道瓦屋邢村、三河湖镇王立平村、里则街道东街村、青田街道南李家村），物种数是8种的村有12个（小营街道粮库、梁才街道八里庄村、秦皇台乡北籍家村、秦皇台乡杀虎刘村、秦皇台乡仓头王村、秦皇台乡东石家村、滨北街道秦董姜村、滨北街道柳家村、三河湖镇李潮岗村、青田街道徐二村、青田街道拐沟里村、青田街道王官家村）；物种数是5～7种的村有14个，其中物种数是7种的有9个（小营街道李官庄村、梁才街道魏家村、秦皇台乡东高庄村、滨北街道东丁村、杨柳雪镇后李果者村、杨柳雪镇小范家村、杨柳雪镇谭家村、杜店街道平方王村、杜店街道相公庙村），物种数是6种的村有3个（梁才街道谷家村、滨北街道杀虎桐村、里则街道边家村），物种数是5种的村有2个（小营街道东齐家村、杨柳雪镇郭家口村）；物种数在5种以下的村有2个，为杨柳雪镇莫李家村和市东街道黄河十八路均有4种入侵植物分布（图3-14）。

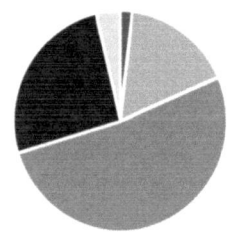

图3-14 滨城区各村落入侵植物物种分布数量

- 入侵植物物种数在15个以上的村
- 入侵植物物种数在11～15个的村
- 入侵植物物种数在8～10个的村
- 入侵植物物种数在5～8个的村
- 入侵植物物种数在5个以下的村

在滨城区调查的55个踏查点

中，出现频次超过50%（即在超过27个踏查点均有分布）的入侵植物物种有6种，分别是苦苣菜（70.91%）、苏门白酒草（69.1%）、反枝苋（61.8%）、皱果苋（54.6%）、鳢肠（54.6%）、钻叶紫菀（50.9%）；出现频次在30%～50%的入侵植物物种有3种，分别是苘麻（47.3%）、圆叶牵牛（41.8%）、凹头苋（34.6%）；出现频次在15%～30%的入侵植物物种有10种，分别是意大利苍耳（29.1%）、灰绿藜（27.3%）、牵牛（27.3%）、鬼针草（25.5%）、杂配藜（25.5%）、小蓬草（18.2%）、野西瓜苗（18.2%）、续断菊（18.2%）、北美苋（18.2%）、香附子（18.2%）；出现频次在5%～15%的入侵植物物种有11种，分别是小藜（14.6%）、垂序商陆（12.7%）、菊芋（10.9%）、大狼耙草（9.1%）、婆婆针（7.3%）、野胡萝卜（7.3%）、北美独行菜（7.3%）、密花独行菜（7.3%）、草木樨（7.3%）、长芒苋（7.3%）；其余17种入侵植物在滨城区各行政村出现的频次小于5%，即在各个踏查点出现次数为1～2次，入侵频率较低（图3-15）。

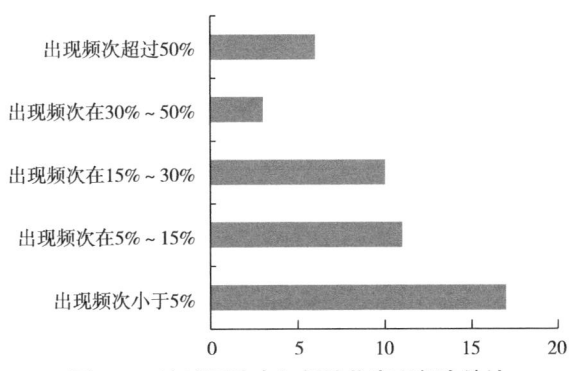

图3-15 滨城区外来入侵植物出现频次统计

出现频次较高的6个入侵植物物种中，二级入侵物种有3个（反枝苋、苏门白酒草、钻叶紫菀）；三级入侵物种有1个（皱果苋）；四级入侵物种有1个（苦苣菜），其余是待观察种。其中，反枝苋在滨城区调查的9个乡镇均有不同程度的入侵发生，其中仅在小营街道黄王庄村发生重度入侵，其余皆为轻度入侵，发生生境包括耕地、城镇村及工矿用地、交通运输用地及水域及水利设施用地四大生境，其中耕地和交通运输用地为主要发生生境，主要危害农业生产和生态系统，发生面积9 142.7亩；苏门白酒草在滨城区10个乡镇均有不同程度的入侵，在小营街道、三河湖镇和青田街道有重度入侵发生，在杜店街道有中度入侵发生，发生生境覆盖耕地、城镇村及工矿用地、交通运输用地及水域及水利设施用地四大生境，以交通运输用地为主，主要危害生态系统，发生面积8 819.2亩；钻叶紫菀在滨城区10个乡镇均有不同程度的入侵，在杜店街道和青田街道有重度入侵发生，发生生境覆盖耕地、城镇村及工矿用地、水域及水利设施用地和交通运输用地四大生境，其中一半以上发生在水域及水利设施用地，主要危害农业生产和生态环境，发生面积11 692.9亩。

（二）滨城区一级入侵物种分布、危害及入侵风险

滨城区一级入侵物种有4个，分别是黄顶菊、大狼耙草、长芒苋和番茄黄化曲叶病毒；二级入侵物种有15个，分别是反枝苋、苏门白酒草、钻叶紫菀、意大利苍耳、鬼针草、小蓬草、节节麦、一年蓬、美国白蛾、烟粉虱、悬铃木方翅网蝽、美洲斑潜蝇、二斑叶螨、西花蓟马和黄瓜绿斑驳花叶病毒（图3-16）。

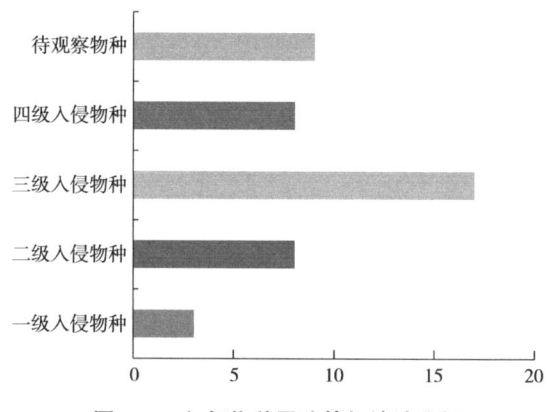

图3-16　入侵物种风险等级统计分析

四、滨城区不同生境入侵植物物种组成

滨城区植物标准样地主要涉及耕地、园地、水域及水利设施用地和交通运输用地四大生境。经调查，耕地的入侵植物物种数量为3种，包括皱果苋、反枝苋、鬼针草；交通运输用地的入侵植物物种数量为3种，包括小蓬草、钻叶紫菀、长芒苋；园地和水域及水利设施用地的入侵植物均仅有1种，分别为凹头苋和意大利苍耳。综上可见，农业外来入侵植物在滨城区各生境的物种数：耕地/交通运输用地>水域及水利设施用地/园地。

五、滨城区不同生境入侵植物种群盖度及分布特征

标准样地踏查发现一级入侵植物有1种，长芒苋；二级入侵植物有5种，分别是小蓬草、反枝苋、鬼针草、钻叶紫菀、意大利苍耳；三级入侵植物只有2种，是皱果苋和凹头苋。

反枝苋发生在耕地生境，标准样地内的种群盖度为49%。钻叶紫菀主要在耕地和交通运输用地两大生境分布，标准样地内的种群盖度为57%。小蓬草主要在

交通运输用地生境分布，标准样地内的种群盖度为48%。鬼针草主要在耕地生境分布，标准样地内的种群盖度为52%。意大利苍耳在水域及水利设施用地生境分布，标准样地内的种群盖度为48%。皱果苋主要在耕地生境分布，标准样地内的种群盖度为71%。

六、滨城区主要外来入侵病虫发生生境及危害

滨城区共设置7个病虫害标准样地（杜店街道老官赵村、杨柳雪镇小范家村、三河湖镇李潮岗村、滨北街道秦董姜村、里则街道小吴家村、梁才街道西韩墩村、市中街道大刘村），每个标准样地位点设置3~5个样方。调查发现，有2级入侵物种美国白蛾、烟粉虱、悬铃木方翅网蝽、美洲斑潜蝇、二斑叶螨5种。

美国白蛾发生在杨柳雪镇小范家村和三河湖镇李潮岗村，覆盖耕地、水域及水利设施用地2种生境，危害寄主作物为白蜡、榆树，危害部位为叶片，受害株率为40%~100%。烟粉虱发生在里则街道小吴家村，生境包括耕地和交通运输用地，危害寄主作物为番茄，危害部位为叶片，受害株率70%~100%。悬铃木方翅网蝽发生在杜店街道老官赵村，覆盖耕地和交通运输用地生境，危害寄主作物为法国梧桐，危害部位为叶片，受害株率80%~100%。美洲斑潜蝇发生在梁才街道西韩墩村，属于园地生境，危害寄主作物为黄瓜，危害部位为叶片，受害株率70%~100%。二斑叶螨发生在滨北街道秦董姜村、市中街道大刘村，覆盖耕地、园地和交通运输用地3个生境，危害寄主作物为草莓，危害部位为叶片受害株率10%~100%。

第五节　惠 民 县

一、惠民县农业外来入侵物种组成

根据山东省277种农业外来入侵物种参考清单，惠民县分布有46种（其中，入侵植物40种；入侵病虫害6种），占总数的16.6%。山东省181种入侵植物中，惠民县分布有40种，占总数的22.1%；从科属构成来看，惠民县40种入侵植物

含14科27属，菊科和苋科为惠民县的主要入侵植物，2科共计23种，占总种数的50%以上；其中以菊科种类最多（14种），其次是苋科（9种）。从各科的物种数分析，大于5种的科有1个，6~10种的科有1个，2~5种的科有5个，仅有1个物种的科有6个（图3-17）。

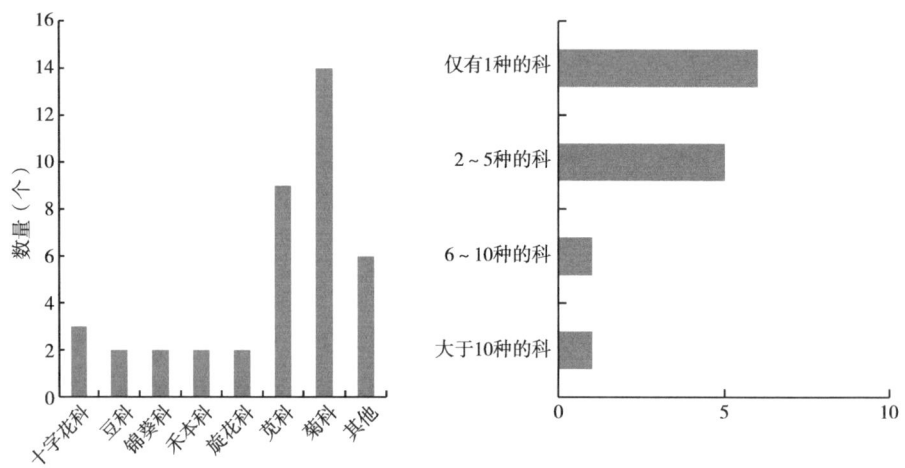

图3-17 惠民县外来入侵植物各科分析

惠民县40种入侵植物，包括反枝苋、皱果苋、苦苣菜、钻叶紫菀、圆叶牵牛、牵牛、苏门白酒草、黄顶菊、小藜、菊芋、香附子、婆婆针、意大利苍耳、鳢肠、大狼耙草、垂序商陆、苘麻、凹头苋、杂配藜、蓖麻、秋英、曼陀罗、小蓬草、野西瓜苗、续断菊、小酸模、北美苋、钝叶决明、苋、刺槐、绿穗苋、密花独行菜、北美独行菜、节节麦、灰绿藜、野胡萝卜、鬼针草、荠、黑麦草、一年蓬。

山东91种入侵病虫害中，惠民县分布有6种，占总数的6.6%；皆属昆虫类，分别为美国白蛾、烟粉虱、西花蓟马、美洲斑潜蝇、南美斑潜蝇、二斑叶螨。其中，半翅目粉虱科1种（烟粉虱），双翅目潜蝇科2种（美洲斑潜蝇、南美斑潜蝇），缨翅目蓟马科花蓟马属1种（西花蓟马），鳞翅目灯蛾科1种（美国白蛾），螨类1种（二斑叶螨），属蜱螨目叶螨科。

二、惠民县农业外来入侵物种入侵等级划分

根据《全国外来入侵物种清单及其风险管理等级》名录以及入侵植物生物学特征和生态学特性、原产地自然地理分布信息、入侵范围、对入侵地生态环境的

危害和对国民经济产生的影响等，将惠民县40种农业外来入侵植物划分为5个等级。其中，一级入侵物种2个，包括大狼杷草和黄顶菊；二级入侵物种9个，包括钻叶紫菀、反枝苋、小蓬草、苏门白酒草、意大利苍耳、鬼针草、绿穗苋、节节麦、一年蓬；三级入侵物种16个，包括垂序商陆、皱果苋、曼陀罗、杂配藜、凹头苋、北美苋、婆婆针、秋英、圆叶牵牛、苘麻、野西瓜苗、续断菊、野胡萝卜、北美独行菜、荠、灰绿藜；四级入侵物种7个，包括苦苣菜、钝叶决明、苋、牵牛、黑麦草、密花独行菜和小酸模；待观察物种6个。一级入侵植物中，2种均属于菊科；二级入侵植物中，菊科有6种，苋科有2种，禾本科有1种；三级入侵植物中，苋科4种，菊科3种，锦葵科2种，十字花科2种，藜科、旋花科、商陆科、茄科、伞形科均有1种。

惠民县6种入侵病虫害根据《全国外来入侵物种清单及其风险管理等级》名录进行划分，5种属于二级物种，包括：美国白蛾、烟粉虱、西花蓟马、美洲斑潜蝇、二斑叶螨；1种属于三级物种，为南美斑潜蝇。

三、惠民县农业外来入侵物种分布、危害及入侵风险

（一）惠民县入侵物种的水平分布格局

经统计，惠民县石庙镇是分布入侵植物种数最多的乡镇，有25种；其次是辛店镇和淄角镇2个乡镇，有24种；桑落墅镇和姜楼镇，均为22种；清河镇20种；李庄镇19种；皂户李镇、魏集镇、大年陈镇和麻店镇18种，孙武街道和胡集镇均为16种；最少的是何坊街道，仅有5种。由此可以看出，可能受交通运输与河流的影响，在同时具备河流、公路这两种生境的地区，入侵植物种类比较丰富，尤其是高速公路附近，因此石庙镇、辛店镇、淄角镇、桑落墅镇、姜楼镇、清河镇、李庄镇几个地区入侵植物种数较多；北部区域靠近县城的乡镇，由于城镇绿化，可能人为干预的比较多，所以入侵植物种类偏少。

在惠民县调查的56个行政村中，入侵植物物种数在10种以上的村有11个，其中淄角镇郭马庄村最多，有15种入侵植物分布；其次是淄角镇淄角南街村和桑落墅镇河西尹村，均为13种；石庙镇小田村、皂户李镇歇马亭村、淄角镇小魏村、辛店镇孔家村均为12种；石庙镇白家村、姜楼镇季家庄村、胡集镇温家村、李庄镇华李村均为11种。入侵植物物种数在6~10种的村有40个，入侵植物物种数为10的有13个村（孙武街道朱老虎村、石庙镇陈家集村、石庙镇石庙赵农村、皂户李镇新屯村、辛店镇前半村、辛店镇郭村、辛店镇东肖营村、麻店镇西卞家村、

胡集镇东屯村、魏集镇谭梁许村、清河镇丁家庄村、清河镇韩家村、大年陈镇李家庵村);入侵植物物种数为9种的有8个村(石庙镇万家村、皂户李镇王刘庄村、淄角镇落门马村、姜楼镇赵家集村、桑落墅镇桑南村、桑落墅镇河北村、清河镇姜家村、李庄镇杨家集南村);入侵植物物种数为8种的有4个村(姜楼镇小宋村、麻店镇盖刘村、魏集镇王平口村、清河镇翟刘村);入侵植物物种数为7种的有8个村(皂户李镇大朱家中桥村、姜楼镇三元村、姜楼镇幸福胡村、辛店镇刘家辛村、麻店镇小吴村、胡集镇白家桥村、魏集镇东簸箕王村、大年陈镇陈旺庄村);入侵植物物种数为6种的有6个村(孙武街道黑楼村、姜楼镇联五赵村、辛店镇钟家营村、麻店镇岭上孙村、李庄镇俎家村、李庄镇南肖家村)。入侵植物物种数5种及以下的有5个村,其中入侵植物物种数为5种的有4个村(麻店镇岭上刘村、何坊街道马徐家村、桑落墅镇刘增家村、大年陈镇东刘旺庄村);入侵植物物种最少的只有3种,为大年陈镇华兴村(图3-18)。

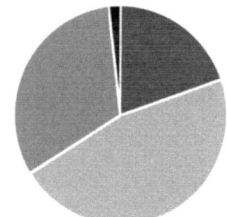

图3-18 惠民县各村落入侵植物物种分布数量

在惠民县调查的56个行政村中,出现频次超过50%(即在超过29个踏查点均有分布)的入侵植物物种有7种,分别是钻叶紫菀(53.6%)、皱果苋(57.1%)、鳢肠(58.9%)、小藜(60.7%)、凹头苋(60.7%)、苏门白酒草(67.9%)、反枝苋(78.6%);出现频次在30%～50%的入侵植物物种有5种,分别是牵牛(35.7%)、菊芋(39.1%)、苘麻(44.6%)、圆叶牵牛(44.6%)、苦苣菜(42.9%);出现频次在15%～30%的入侵植物物种有5种,分别是垂序商陆(16.1%)、鬼针草(17.9%)、小蓬草(19.6%)、杂配藜(19.6%)、意大利苍耳(26.8%);出现频次在5%～15%的入侵植物物种有12种,分别是蓖麻(5.4%)、野西瓜苗(5.17%)、香附子(5.4%)、北美独行菜(5.4%)、曼陀罗(7.2%)、野胡萝卜(7.2%)、北美苋(8.9%)、密花独行菜(10.7%)、黄顶菊(12.5%)、续断菊(12.5%)、大狼耙草(14.3%)、婆婆针(14.3%);其余11种入侵植物在惠民县各行政村出现的频次小于5%,即在各个踏查点出现次数仅为1～2次,入侵频率较低(图3-19)。

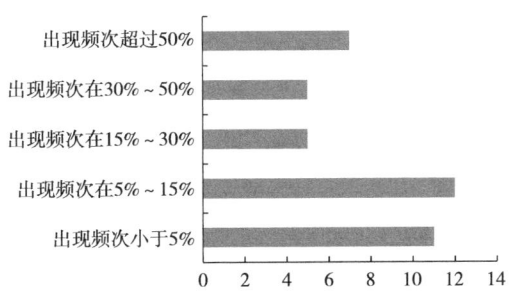

图3-19 惠民县外来入侵植物出现频次统计

出现频次较高的7种入侵植物物种中，二级入侵物种有3种（钻叶紫菀、苏门白酒草、反枝苋）；三级入侵物种有2种（凹头苋、皱果苋），其余是待观察种。钻叶紫菀入侵分布的乡镇包括孙武街道、石庙镇、皂户李镇、淄角镇、姜楼镇、辛店镇、麻店镇、桑落墅镇、胡集镇、魏集镇、清河镇、李庄镇、大年陈镇，其中皂户李镇和淄角镇是重度入侵，石庙镇、姜楼镇、大年陈镇是中度入侵，其余乡镇是轻度入侵，发生生境以耕地、沟渠和路边为主，主要危害农业生产和生态系统，发生面积2 496.7亩；反枝苋入侵分布的乡镇有孙武街道、石庙镇、皂户李镇、淄角镇、姜楼镇、辛店镇、麻店镇、何坊街道、桑落墅镇、胡集镇、魏集镇、清河镇、李庄镇、大年陈镇，其中孙武街道、姜楼镇、大年陈镇是重度入侵，石庙镇、皂户李镇、何坊街道为中度入侵，其余乡镇是轻度入侵，主要发生的生境有耕地、林地、沟渠和路边，主要危害农林业生产和生态系统，发生面积12 742.5亩；苏门白酒草入侵分布的乡镇有孙武街道、石庙镇、皂户李镇、姜楼镇、辛店镇、麻店镇、何坊街道、桑落墅镇、胡集镇、魏集镇、清河镇、李庄镇、大年陈镇，其中姜楼镇是重度入侵，其余乡镇皆为轻度入侵，发生生境包括耕地、林地、沟渠和路边，主要危害农林业生产和生态系统，发生面积5 977.7亩。

（二）惠民县一级入侵物种分布、危害及入侵风险

惠民县一级入侵物种有2种，分别是黄顶菊和大狼耙草；二级入侵物种有14种，分别是钻叶紫菀、反枝苋、小蓬草、苏门白酒草、意大利苍耳、鬼针草、绿穗苋、节节麦、一年蓬、美国白蛾、烟粉虱、西花蓟马、美洲斑潜蝇、二斑叶螨（图3-20）。

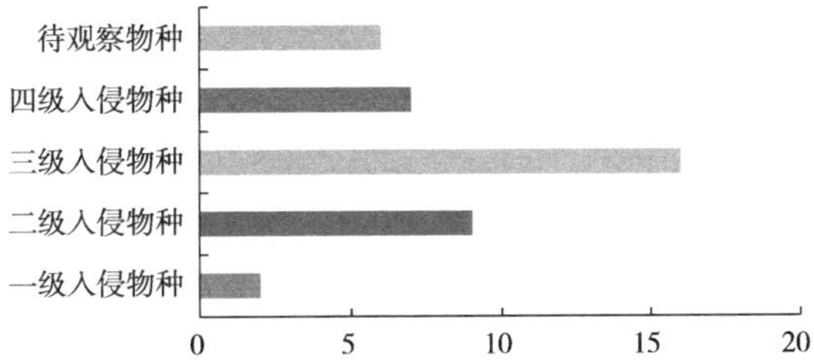

图3-20 入侵物种风险等级统计分析

四、惠民县不同生境入侵植物物种组成

惠民县标准样地涉及生境包括耕地、交通运输用地、水域及水利设施用地3种。经调查，交通运输用地生境的入侵物种数最多，为4种，包括苏门白酒草、意大利苍耳、小蓬草、黄顶菊；水域及水利设施生境的入侵植物物种数有3种，包括钻叶紫菀、大狼耙草、垂序商陆；耕地生境入侵植物物种数为2种，包括苏门白酒草、反枝苋。综上可见，农业外来入侵植物在惠民县各生境的物种数：交通运输用地>水域及水利设施>耕地。

五、惠民县不同生境入侵植物种群盖度及分布特征

标准样地踏查发现一级入侵物种有2种，分别是大狼耙草和黄顶菊；二级入侵物种5种，包括钻叶紫菀、反枝苋、小蓬草、苏门白酒草、意大利苍耳；三级入侵物种1种，垂序商陆。

黄顶菊主要在交通运输用地生境分布，样地内种群平均盖度是58.7%。大狼耙草主要在水域及水利设施用生境分布，样地内种群平均盖度是80.9%。钻叶紫菀主要在水域及水利设施用地生境分布，样地内种群平均盖度是85%。反枝苋主要发生在耕地生境，样地内种群平均盖度是49%。小蓬草主要在交通运输用地生境分布，样地内种群平均盖度为75.6%。苏门白酒草主要在耕地和交通运输用地生境分布，样地内种群平均盖度分别为25%和90.6%。意大利苍耳，主要分布在交通运输用地生境，样地内种群平均盖度是68.8%。垂序商陆，主要在水域及水利设施用生境分布，样地内种群平均盖度是48%。

综上可见，标准样地详查发现的8种一级、二级和三级入侵植物，按照入侵频率的排序：反枝苋>苏门白酒草>钻叶紫菀>意大利苍耳>小蓬草>垂序商陆>大狼耙草>黄顶菊。根据各物种在不同生境中发生的种群盖度情况，可初步判断其生境偏好和入侵程度，如苏门白酒草更易于入侵交通运输用地生境，其次是耕地生境。

六、惠民县主要外来入侵病虫发生生境及危害

惠民县共设置4个病虫害标准样地（李庄镇南肖家村、姜楼镇小宋村、清河镇姜家村、石庙镇白家村），每个标准样地位点设置3~5个样方。调查发现，有2级入侵物种4种，分别为美国白蛾、烟粉虱、美洲斑潜蝇、二斑叶螨。

美国白蛾发生在李庄镇南肖家村和石庙镇白家村，耕地生境、水域及水利设施用地和交通运输用地，危害寄主作物为杨树和法桐，危害部位为叶片，受害株率分别为30%~80%、80%~100%。烟粉虱发生在清河镇姜家村，属于耕地生境，危害寄主作物为棉花，危害部位为叶片和嫩茎，受害株率为70%~90%。美洲斑潜蝇发生在姜楼镇小宋村，属于耕地和交通运输用地生境，危害寄主作物为油豆角，危害部位为叶片，受害株率20%。二斑叶螨发生在石庙镇白家村，属于耕地生境，危害寄主作物为葫芦科的西瓜，危害部位为叶片，受害株率30%~50%。

第六节　沾化区

一、沾化区农业外来入侵物种组成

根据山东省277种农业外来入侵物种参考清单，沾化区分布有47种（其中，入侵植物39种；入侵病虫害7种；入侵水生动物1种），占总数的17.0%。山东省181种入侵植物中，沾化区分布有39种，占总数的21.5%；从科属构成来看，沾化区39种入侵植物含12科28属，菊科和苋科构成了沾化区入侵植物的总体，2科共计21种，占总种数的53.8%；其中以菊科种类最多（13种），其次是苋科（8种）。从各科的物种数分析，大于10种的科有1个，6~10种的科有1个，2~5种的科有6个，仅有1个物种的科有4个。详见图3-21。

沾化区39种入侵植物，包括反枝苋、皱果苋、苦苣菜、钻叶紫菀、圆叶牵牛、牵牛、苏门白酒草、小藜、菊芋、鬼针草、香附子、婆婆针、意大利苍耳、鳢肠、垂序商陆、苘麻、凹头苋、小蓬草、苜蓿、茅、野胡萝卜、北美苋、密花独行菜、续断菊、灰绿藜、黑麦草、节节麦、北美独行菜、草木樨、野西瓜苗、香丝草、杂配藜、刺槐、合被苋、小花山桃草、剑叶金鸡菊、蓖麻、通奶草、一年蓬。

滨州市农业外来入侵物种发生与防治

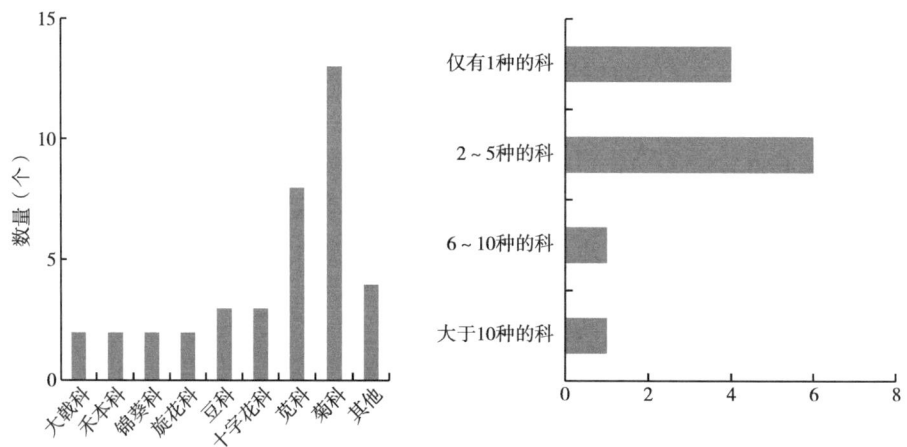

图3-21　沾化区外来入侵植物各科分析

山东91种入侵病虫害中，沾化区分布有7种，占总数的7.7%；其中昆虫类包括美国白蛾、烟粉虱、美洲斑潜蝇、二斑叶螨、南美斑潜蝇。其中，半翅目粉虱科1种（烟粉虱），双翅目潜蝇科2种（美洲斑潜蝇、南美斑潜蝇），蜱螨目叶螨科1种（二斑叶螨），鳞翅目灯蛾科1种（美国白蛾）。病毒及类病毒包括双生病毒科番茄黄化曲叶病毒、帚状病毒科黄瓜绿斑驳花叶病毒。

二、沾化区农业外来入侵物种入侵等级划分

根据《全国外来入侵物种清单及其风险管理等级》名录以及入侵植物生物学特征和生态学特性、原产地自然地理分布信息、入侵范围、对入侵地生态环境的危害和对国民经济产生的影响等，将沾化区39种农业外来入侵植物划分为5个等级。其中，二级入侵物种8个，包括反枝苋、苏门白酒草、钻叶紫菀、意大利苍耳、鬼针草、小蓬草、节节麦和一年蓬；三级入侵物种18个，包括皱果苋、苘麻、圆叶牵牛、婆婆针、野胡萝卜、垂序商陆、凹头苋、圆叶牵牛、续断菊、北美苋、北美独行菜、杂配藜、香丝草、荠、小花山桃草、合被苋、剑叶金鸡菊和灰绿藜；四级入侵物种5个，包括苦苣菜、牵牛、黑麦草、密花独行菜和通奶草；待观察物种8个。二级入侵植物中，菊科有6种，苋科有1种，禾本科有1种；三级入侵植物中，菊科4种，苋科6种，十字花科2种，锦葵科2种，伞形科1种，商陆科1种，旋花科1种，柳叶菜科1种。

沾化区7种入侵病虫害根据《全国外来入侵物种清单及其风险管理等级》名录进行划分，其中属于一级物种的有1种，番茄黄化曲叶病毒；属于二级物种的

有5种,包括美国白蛾、烟粉虱、美洲斑潜蝇、二斑叶螨、黄瓜绿斑驳花叶病毒;属于三级物种的有1种,为南美斑潜蝇。

三、沾化区农业外来入侵物种分布、危害及入侵风险

(一)沾化区入侵物种的水平分布格局

经统计,沾化区黄升镇是分布入侵植物种数最多的乡镇,有26种;其次是大高镇、下河乡、富国街道均有24种;利国乡有22种,滨海镇20种,古城镇和泊头镇均为15种,下洼镇10种,冯家镇9种。由此可知,黄升镇区域内有铁路贯穿,又有徒骇河流经,交通也比较发达,因此入侵植物种类最多;其次是大高镇、下河乡、富国街道、富源街道,也是在区域内包含公路、铁路、河流等一种或几种重要因素,因此物种较为丰富。总体来说,沾化区行政区域内,东南部地区由于贯穿铁路、河流、交通枢纽比较多,因此入侵植物种类相对较多,西北部地区入侵植物种类相对较少。

在调查的53个行政村中,入侵植物物种数在10种及以上的村有7个,富国街道丁家庄子村物种最多,有21种;其次是黄升镇大姜村,有16种;黄升镇黄升一村、富源街道东王村,均有13种;大高镇楚家村、利国乡东马营村、古城镇东三里村,均有11种。入侵植物物种数在8~10种的村有21个,其中物种数是10种的有8个(利国乡来刘村、利国乡四村、下河乡下河村、下河乡东刘村、下河乡青城村、滨海镇沿河村、富源街道李果村、富国街道富国村),物种数是9种的有8个(大高镇西楼村、大高镇薛家村、黄升镇堤圈村、利国乡南王村、滨海镇垛瞿村、富源街道董卜堂村、冯家镇九山村、泊头镇冯王村),物种数是8种的有5个(大高镇韩家糖坊村、利国乡孙户村、富国街道东杨村、下洼镇孟家村、泊头镇朱圈村);物种数是5~7种的村有21个,其中物种数是7种的有8个(黄升镇枣园村、黄升镇豆腐李村、滨海镇河贵村、富源街道丰民二村、下洼镇张王三村、古城镇东辛村、泊头镇屈牟村、泊头镇周王村),物种数是6种的村有5个(大高镇火把村、利国乡崔铺村、利国乡裴家村、滨海镇河东村、下洼镇永丰村),物种数是5种的村有8个(大高镇庞家庄、黄升镇杨家村、下河乡西张村、下河乡新民村、下河乡南韩村、下洼镇大王庄村、古城镇北关村、古城镇东南辛庄村);物种数在5种以下的村有4个,入侵物种数均为4,分别为大高镇刘之俭村、下河乡刘家庄村、滨海镇三胜村和富源街道东张村(图3-22)。

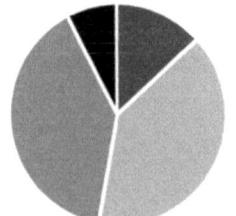

图3-22 沾化区各村落入侵植物物种分布数量

在沾化区调查的53个行政村，出现频次超过50%（即在超过26个踏查点均有分布）的入侵植物物种有4种，分别是小蓬草（69.8%）、密花独行菜（62.3%）、苦苣菜（60.4%）和野胡萝卜（58.5%）；出现频次在30%～50%的入侵植物物种有10种，分别是灰绿藜（49.1%）、小藜（41.5%）、苏门白酒草（37.7%）、北美独行菜（37.7%）、反枝苋（34%）、苘麻（34%）、皱果苋（34%）、荠（32.1%）、钻叶紫菀（30.2%）、圆叶牵牛（30.2%）；出现频次在15%～30%的入侵植物物种有7种，分别是菊芋（24.5%）、鳢肠（24.5%）、北美苋（22.6%）、香附子（22.6%）、节节麦（18.7%）、意大利苍耳（17%）、续断菊（15.1%）；出现频次在5%～15%的入侵植物物种有8种，分别是杂配藜（13.2%）、凹头苋（11.3%）、垂序商陆（7.6%）、香丝草（7.6%）、小花山桃草（7.6%）、野西瓜苗（7.6%）、牵牛（7.6%）、刺槐（5.7%）；其余10种入侵植物在沾化区各行政村出现的频次小于5%，即在各个踏查点出现次数为1～2次，入侵频率较低（图3-23）。

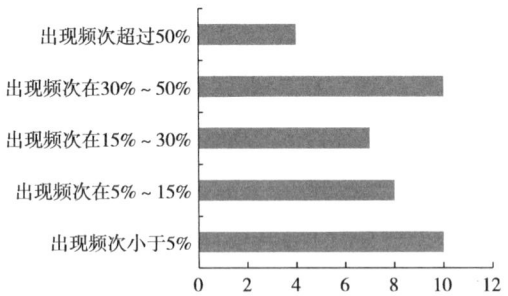

图3-23 沾化区外来入侵植物出现频次统计

出现频次较高的6个入侵植物物种中，二级入侵物种有1个（小蓬草）；三级入侵物种有2个（野胡萝卜、灰绿藜）；四级入侵物种有2个（苦苣菜、密花独行菜），其余为待观察种。其中，小蓬草在沾化区调查的12个乡镇均有不同程度的入侵发生，发生生境包括耕地、园地、城镇村及工矿用地、交通运输用地及水域及水利设施用地五大生境,其中交通运输用地为主要发生生境,主要危害农业生产和生态系统,发生面积3 818.3亩。

(二)沾化区一级入侵物种分布、危害及入侵风险

沾化区一级入侵物种有1个,是番茄黄化曲叶病毒;二级入侵物种有13个,分别是反枝苋、苏门白酒草、钻叶紫菀、意大利苍耳、鬼针草、小蓬草、节节麦、一年蓬、美国白蛾、烟粉虱、美洲斑潜蝇、二斑叶螨和黄瓜绿斑驳花叶病毒(图3-24)。

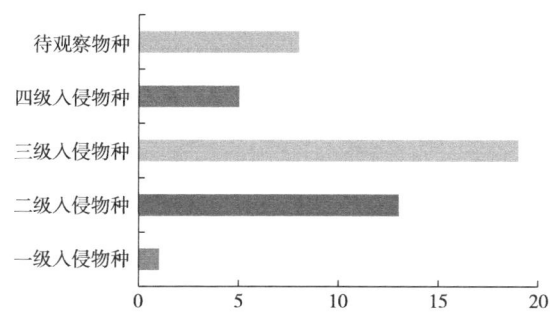

图3-24 入侵物种风险等级统计分析

四、沾化区不同生境入侵植物物种组成

沾化区植物标准样地主要涉及耕地、园地、城镇村及工矿用地、水域及水利设施用地和交通运输用地五大生境。经调查,耕地的入侵植物物种数量为3种,包括皱果苋、北美苋、意大利苍耳;城镇村及工矿用地的入侵植物物种数量为3种,包括意大利苍耳、北美独行菜、密花独行菜;园地的入侵植物物种数量为3种,包括节节麦、北美独行菜、小蓬草;水域及水利设施用地的入侵植物数量为3种,包括钻叶紫菀、北美独行菜、密花独行菜;交通运输用地的入侵植物物种数量为1种,苏门白酒草。综上可见,农业外来入侵植物在沾化区各生境的物种数:耕地/水域及水利设施用地/园地/城镇村及工矿用地>交通运输用地。

五、沾化区不同生境入侵植物种群盖度及分布特征

标准样地踏查发现二级入侵植物有5种,分别是意大利苍耳、钻叶紫菀、苏门白酒草、节节麦、小蓬草;三级入侵植物只有3种,是皱果苋、北美苋和北美独行菜;四级入侵植物有1种,是密花独行菜。

钻叶紫菀主要在耕地和水域及水利设施用地两大生境分布，标准样地内的种群盖度为51%。小蓬草主要在园地生境分布，标准样地内的种群盖度为21.6%。节节麦主要在耕地、园地生境分布，标准样地内的种群盖度为11.6%。意大利苍耳在城镇村及工矿用地生境分布，标准样地内的种群盖度为44%。苏门白酒草在交通运输用地、水域及水利设施用地、园地生境分布，标准样地内的种群盖度为15.4%。皱果苋主要在耕地生境分布，标准样地内的种群盖度为5.2%。北美苋主要在耕地生境分布，标准样地内的种群盖度为52%。北美独行菜主要在园地生境分布，标准样地内的种群盖度为12%。密花独行菜主要在耕地、水域及水利设施用和城镇村及工矿用地生境分布，标准样地内的种群盖度为38.8%。

六、沾化区主要外来入侵病虫发生生境及危害

沾化区共设置2个病虫害标准样地（下河乡东刘村、富源街道李果村民），每个标准样地位点设置3~5个样方。标准样地踏查，有2级入侵物种美国白蛾和烟粉虱2种。

美国白蛾发生在下河乡东刘村，覆盖耕地园地2种生境，危害寄主作物为白蜡，危害部位为叶片，受害株率为20%~40%。烟粉虱发生在富源街道李果村，生境包括耕地、园地和水域及水利设施用，危害寄主作物为番茄，危害部位为叶片，受害株率20%~40%。

第七节　阳　信　县

一、阳信县农业外来入侵物种组成

根据山东省277种农业外来入侵物种参考清单，阳信县分布有44种（其中，入侵植物37种；入侵病虫害7种），占总数的15.8%。山东省181种入侵植物中，阳信县分布有37种，占总数的20.4%；从科属构成来看，阳信县37种入侵植物含13科25属，菊科和苋科构成了阳信县入侵植物的总体，2科共计23种，占总种数

的62.2%；其中以菊科种类最多（16种），其次是苋科（7种）。从各科的物种数分析，大于10种的科有1个，6~10种的科有1个，2~5种的科有3个，仅有1个物种的科有7个（图3-25）。

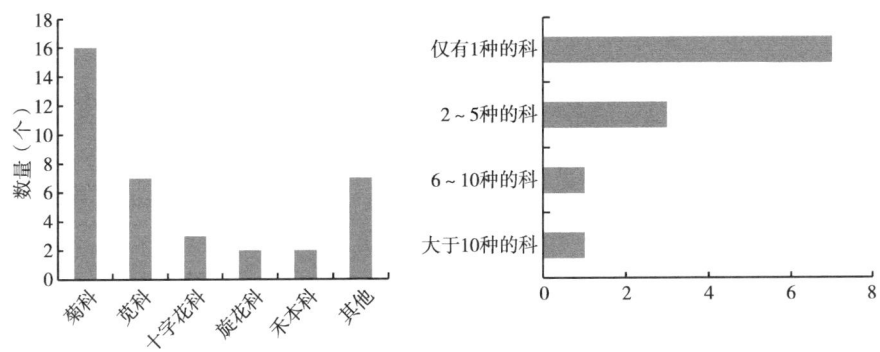

图3-25 阳信县外来入侵植物各科分析

阳信县37种入侵植物包括反枝苋、皱果苋、苦苣菜、钻叶紫菀、圆叶牵牛、牵牛、苏门白酒草、黄顶菊、小藜、菊芋、鬼针草、香附子、婆婆针、意大利苍耳、鳢肠、大狼耙草、垂序商陆、苘麻、凹头苋、蓖麻、秋英、曼陀罗、小蓬草、大花金鸡菊、苜蓿、万寿菊、茅、野胡萝卜、合被苋、北美苋、密花独行菜、续断菊、灰绿藜、黑麦草、节节麦、一年蓬、北美独行菜。

山东91种入侵病虫害中，阳信县分布有7种，占总数的7.7%；皆属昆虫类，分别为美国白蛾、烟粉虱、悬铃木方翅网蝽、美洲斑潜蝇、二斑叶螨、西花蓟马、南美斑潜蝇。其中，半翅目粉虱科1种（烟粉虱），双翅目潜蝇科2种（美洲斑潜蝇、南美斑潜蝇），半翅目网蝽科1种（悬铃木方翅网蝽），鳞翅目灯蛾科1种（美国白蛾），蜱螨目叶螨科1种（二斑叶螨），缨翅目蓟马科花蓟马属1种（西花蓟马）。

二、阳信县农业外来入侵物种入侵等级划分

根据《全国外来入侵物种清单及其风险管理等级》名录以及入侵植物生物学特征和生态学特性、原产地自然地理分布信息、入侵范围、对入侵地生态环境的危害和对国民经济产生的影响等，将阳信县37种农业外来入侵植物划分为5个等级。其中，一级入侵物种2个，包括大狼耙草和黄顶菊；二级入侵物种8个，包括反枝苋、苏门白酒草、钻叶紫菀、意大利苍耳、鬼针草、小蓬草、节节麦和一年蓬；三级入侵物种17个，包括皱果苋、苘麻、婆婆针、曼陀罗、大花金鸡菊、秋英、万寿菊、野胡萝卜、垂序商陆、茅、凹头苋、圆叶牵牛、续断菊、北美

苋、合被苋、北美独行菜和灰绿藜；四级入侵物种4个，包括苦苣菜、牵牛、黑麦草、密花独行菜；待观察物种6个。一级入侵植物中，2种均属于菊科；二级入侵植物中，菊科有6种，苋科有1种，禾本科有1种；三级入侵植物中，菊科5种，苋科5种，十字花科2种，商陆科1种，旋花科1种，伞形科1种，茄科1种，锦葵科1种。

阳信县7种入侵病虫害根据《全国外来入侵物种清单及其风险管理等级》名录进行划分，其中6种属于二级物种，包括美国白蛾、烟粉虱、悬铃木方翅网蝽、美洲斑潜蝇、二斑叶螨、西花蓟马；1种属于三级物种，南美斑潜蝇。

三、阳信县农业外来入侵物种分布、危害及入侵风险

（一）阳信县入侵物种的水平分布格局

经统计，阳信县劳店镇是分布入侵植物种数最多的乡镇，有24种；其次是金阳街道，有21种；流坡坞镇、商店镇、洋湖乡，均为20种；翟王镇17种；河流镇15种；温店镇14种；水落坡镇13种；信城街道最少，为5种。劳店镇内由于包含河流、公路、铁路、物流仓储、工业园区等多种要素，因此入侵植物种类最多；流坡坞镇、商店镇、洋湖乡，也是集高速公路、铁路、河道几大要素于区域内。阳信县行政区域内，中部地区入侵植物种类相对较少，可能是由于靠近县行政中心，人为管理较多，并且信城街道区域也相对较小。

在调查的48个行政村中，入侵植物物种数在10种及以上的村有7个，流坡坞镇北董村有17种入侵植物，劳店镇双井张村和商店镇蒋梁村都有13种入侵植物分布，温店镇北杨村有12种入侵物种，劳店镇全福村、金阳街道刘三道村和流坡坞镇东苟村分别有11种入侵物种；入侵植物物种数在8～10种的村有11个，其中物种数是10种的有1个（翟王镇李王村），物种数是9种的有3个（河流镇邢家坞村、水落坡镇皮户刘村、温店镇大杨村），物种数是8种的村有7个（劳店镇代镇村、商店镇魏寨村、水落坡镇王新村、水落坡镇文家村、洋湖乡武家村、洋湖乡小魏家村、劳店镇崔家村）；物种数是5～7种的村有29个，其中物种数是7种的有12个（金阳街道斜角王村、劳店镇曹王牌村、劳店镇张善村、流坡坞镇南斜村、商店镇西毛村、水落坡镇东王岳村、水落坡镇水落坡村、温店镇赵牌村、金阳街道纪家村、洋湖乡堤口刘村、河流镇徐家大庄村、商店镇张鹅村），物种数是6种的村有13个（金阳街道西小郑村、劳店镇小曹村、流坡坞镇大马家村、商店镇魏家村、温店镇大营村、洋湖乡后曹村、洋湖乡史张村、洋湖乡洋湖村、

洋湖乡东崔村、翟王镇崔王村、翟王镇南商村、劳店镇北泮村、流坡坞镇幽家村），物种数是5种的村有4个（金阳街道银高村、流坡坞镇王嘉会村、温店镇齐家村、信城街道边家村）；物种数在5种以下的村只有1个，为水落坡镇碱王村有4种入侵植物分布（图3-26）。

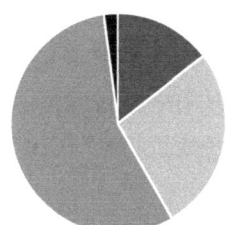

图3-26　阳信县各村落入侵植物物种分布数量

在阳信县调查的50个踏查点中，出现频次超过50%（即在超过20个踏查点均有分布）的入侵植物物种有6种，分别是反枝苋（76%）、圆叶牵牛（64）、小藜（58%）、苏门白酒草（56%）、皱果苋（56%）、苦苣菜（54%）；出现频次在30%~50%的入侵植物物种有4种，分别是苘麻（46%）、鳢肠（38%）、菊芋（36%）、钻叶紫菀（34%）；出现频次在15%~30%的入侵植物物种有4种，分别是意大利苍耳（28%）、牵牛（24%）、鬼针草（24%）、小蓬草（24%）；出现频次在5%~15%的入侵植物物种有9种，分别是凹头苋（14%）、黑麦草（14%）、密花独行菜（14%）、婆婆针（12%）、荠（10%）、野胡萝卜（10%）、黄顶菊（8%）、灰绿藜（8%）、北美独行菜（6%）；其余14种入侵植物在阳信县各行政村出现的频次小于5%，即在各个踏查点出现次数为1~2次，入侵频率较低（图3-27）。

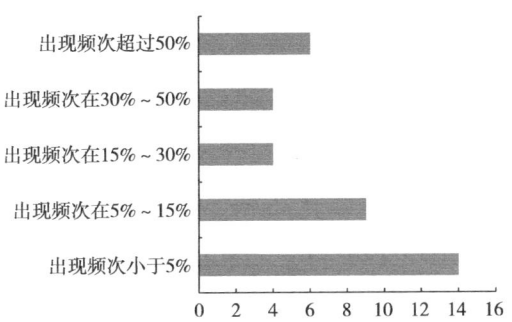

图3-27　阳信县外来入侵植物出现频次统计

出现频次较高的6种入侵植物物种中，二级入侵物种有2种（反枝苋、苏门白酒草）；三级入侵物种有2种（圆叶牵牛、皱果苋）；四级入侵物种有1种（苦苣菜），其余是待观察种。其中，反枝苋在阳信县调查的10个乡镇均有不同程度的入侵发生，发生生境涵盖耕地、园地、城镇村及工矿用地、交通运输用地及水域及水利设施用地五大生境，其中耕地和交通运输用地为主要发生生境，主要危害农业生产和生态系统，发生面积5 986.5亩；苏门白酒草也是在阳信县10个乡镇均有不同程度的入侵，且除温店镇外其余乡镇均有中度或重度入侵发生，发生生境以交通运输用地为主，偶见耕地发生，主要危害农业生产和生态系统，发生面积4 149.8亩。

（二）阳信县一级入侵物种分布、危害及入侵风险

阳信县一级入侵物种有2种，分别是黄顶菊、大狼杷草；二级入侵物种有13种，分别是反枝苋、苏门白酒草、钻叶紫菀、意大利苍耳、鬼针草、小蓬草、节节麦、一年蓬、美国白蛾、烟粉虱、悬铃木方翅网蝽、美洲斑潜蝇和二斑叶螨（图3-28）。

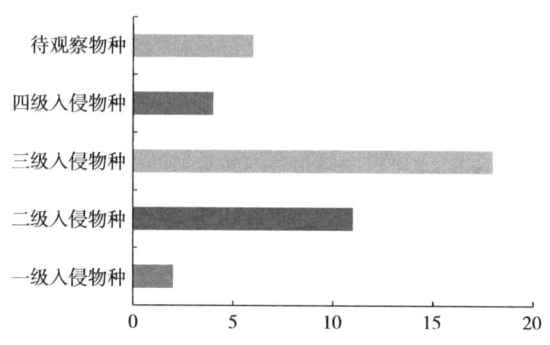

图3-28　入侵物种风险等级统计分析

四、阳信县不同生境入侵植物物种组成

阳信县植物标准样地涉及生境包括耕地、园地、城镇村及工矿用地、交通运输用地、水域及水利设施用地五大生境。经调查，耕地的入侵植物物种数最多，为5种，包括节节麦、菊芋、皱果苋、反枝苋、钻叶紫菀；水域及水利设施用地的入侵植物物种数有2种，包括钻叶紫菀、反枝苋；园地的入侵植物物种数为2种，物种包括钻叶紫菀、反枝苋；交通运输用地的入侵植物物种有2种，包括小蓬草、钻叶紫菀；城镇村及工矿用地的入侵植物物种数为2种，包括圆叶牵

牛、反枝苋。综上可见，农业外来入侵植物在阳信县各生境的物种数：耕地>水域及水利设施用地/园地/交通运输用地/城镇村及工矿用地。

五、阳信县不同生境入侵植物种群盖度及分布特征

标准样地踏查发现二级入侵植物有5种，分别是反枝苋、钻叶紫菀、圆叶牵牛、小蓬草和节节麦；三级入侵植物只有1种，是皱果苋。

反枝苋主要在耕地、园地、水域及水利设施用地和城镇村及工矿用地四大生境分布，标准样地内种群平均盖度是66%。钻叶紫菀主要在耕地、园地、水域及水利设施用地和交通运输用地四大生境分布，标准样地内种群平均盖度是72%。节节麦主要在耕地生境分布，标准样地内种群平均盖度是37.6%。小蓬草主要在交通运输用地生境分布，标准样地内种群平均盖度是61%。圆叶牵牛主要在城镇村及工矿用地生境分布，标准样地内种群平均盖度是56%。皱果苋主要在耕地生境分布，标准样地内种群平均盖度是52%。

综上可见，标准样地详查发现的6种二级和三级入侵植物，按照入侵频率的排序为：反枝苋>圆叶牵牛>皱果苋>钻叶紫菀>小蓬草>节节麦。根据各物种在不同生境中发生的种群盖度情况，可初步判断其生境偏好和入侵程度。

六、阳信县主要外来入侵病虫发生生境及危害

阳信县共设置6个病虫害标准样地（劳店镇代镇村、水落坡镇碱王村、水落坡镇东王岳村、金阳街道斜角王村、流坡坞镇东苟村、翟王镇南商村），每个标准样地位点设置3~5个样方。调查发现，有2级入侵物种美国白蛾、烟粉虱、悬铃木方翅网蝽、美洲斑潜蝇4种。

美国白蛾*Hyphantria cunea*（Drury）发生在水落坡镇碱王村、水落坡镇东王岳村、金阳街道斜角王村，覆盖交通运输用地、园地、水域及水利设施用地和城镇村及工矿用地4种生境，危害寄主作物为白蜡、榆树、法国梧桐，危害部位为叶片，受害株率为30%~80%。烟粉虱*Bemisia tabaci*（Gennadius）发生在流坡坞镇东苟村，生境包括耕地和水域及水利设施用地，危害寄主作物为白菜危害部位为叶片，受害株率100%。悬铃木方翅网蝽*Corythucha ciliate* Say发生在劳店镇代镇村，覆盖耕地、交通运输用地、园地、水域及水利设施用地生境，危害寄主作物为法国梧桐，危害部位为叶片，受害株率70%~100%。美洲斑潜蝇*Liriomyza sativae* Blanchard发生在翟王镇南商村，属于耕地生境，危害寄主作物为黄瓜，危害部位为叶片，受害株率0~20%。

第四章

滨州市农业外来入侵物种识别特征及防治措施

《滨州市农业外来入侵物种发生与防治》

《滨州市农业外来入侵物种发生与防治》

第一节	滨州市主要农业外来入侵植物识别与防治
第二节	滨州市主要农业外来入侵病虫识别与防治
第三节	滨州市农业外来入侵物种防控对策与建议

第一节 滨州市主要农业外来入侵植物识别与防治

1. 北美车前

【学名】*Plantago virginica* L.。

【分类地位】车前科车前属。

【形态及生物学特征】一年生或二年生草本植物。直根纤细,有细侧根;根茎短;叶基生呈莲座状,倒披针形或倒卵状披针形,先端急尖或近圆,基部窄楔形,下延至叶柄,边缘波状、疏生牙齿或近全缘;穗状花序,花序梗密被开展的白色柔毛,苞片披针形或窄椭圆形,萼片与苞片等长或稍

图4-1 北美车前

短,前对萼片龙骨突较宽,不达顶端;蒴果卵球形;种子卵圆形或长卵圆形。花期4—5月,果期5—6月。

【分布范围】原产北美洲,我国分布于江苏、安徽、上海、浙江、江西、福建、台湾、湖南、四川、重庆、湖北、广西。

【引入路径及扩散途径】无意引进。种子遇水产生黏液,借人和动物以及交通工具传播。

【发生生境及危害】低海拔草地、路边、疏林、果园、菜地和夏熟作物田及湖畔。种子多,繁殖能力极强,蔓延迅速,常入侵和危害草坪,为果园、旱田及草坪杂草。

【可能扩散的区域】亚热带及其以南地区。

【防治措施】花果期前采用人工除草、机械刈割等物理方法,化学防治采用灭草松、2甲4氯、草甘膦、草铵膦等除草剂。

2. 蓖麻

【学名】*Ricinus communis* L.。

【分类地位】大戟科蓖麻属。

【形态及生物学特征】一年生或多年生草本植物、热带或南方地区常成多年生灌木或小乔木。单叶互生，叶片盾状圆形。掌状分裂至叶片的一半以下，圆锥花序与叶对生及顶生，下部生雄花，上部生雌花；花瓣性同株，无花

图4-2　蓖麻

瓣；雄蕊多数，花丝多分枝；花柱，深红色。蒴果球形，有软刺，成熟时开裂。花期5—8月，果期7—10月。

【分布范围】原产埃及、埃塞俄比亚和印度。我国各地均有栽培，逸为野生。

【引入路径及扩散途径】可能通过丝绸之路，作为药用植物从西方有意引进，后作为油脂作物推广。

【发生生境及危害】低海拔的村旁、疏林、河岸和荒地。排挤本土植物或危害栽培植物；在南方，多年生的蓖麻是多种病虫害的寄主，为害虫越冬创造了有利条件。另外，蓖麻种子含有蓖麻毒蛋白及蓖麻碱，误食可造成中毒甚至死亡。

【防治措施】在结果前连根拔除。可用氯嘧磺隆等叶吸收性除草剂化学防治。

3. 斑地锦草

【学名】*Euphorbia maculata* L.。

【分类地位】大戟科大戟属。

【别名】大地锦、美洲地锦、紫斑地锦、紫叶地锦。

【形态及生物学特征】一年生草本植物。根纤细，茎匍匐。叶对生，长椭圆形至肾状长圆形；叶面绿色，中部常具有一个长圆形的紫色斑点，叶背淡绿色或灰绿色；叶柄极短；托叶钻状，不分裂，边缘具睫毛。花序单生于叶

图4-3　斑地锦草

腺，基部具短柄；总苞狭杯状；腺体4，黄绿色，椭圆形，边缘具白色附属物。种子卵状四棱形，灰色或灰棕色。

【分布范围】原产北美洲，现广泛分布于欧亚大陆。我国分布于辽宁、河北、北京、山东、河南、江苏、上海、安徽、浙江、江西、湖北、广西、重庆、贵州。

【引入路径及扩散途径】无意引进，引种或人类活动带入。随农作物引种、草皮销售等人类活动扩散。

【发生生境及危害】生于农田、山野、路边和园圃内，平原或低山坡的路旁湿地。本种在北美大陆被列为农田中最常见和最不易刈除的杂草之一，在中国为玉米、棉花、花生、甘薯等旱作物田间杂草，还常见于苗圃和草坪中，特别是对草坪的危害较大，若不及时拔除，容易蔓延。全株有毒。为中国植物图谱数据库收录的有毒植物。全株作地锦草入药。

【防治措施】在农田中可用乙草胺、二甲戊灵和噁草酮等防除；草坪上还可以用2甲4氯、麦草畏、吡嘧磺隆等防除。

4. 通奶草

【学名】*Euphorbia hypericifolia* L.。

【别名】假紫斑大戟、小飞扬草。

【分类地位】大戟科大戟属。

【形态及生物学特征】一年生草本植物。根纤细，长10~15 cm，常不分枝，少数由末端分枝。茎直立，高为15~30 cm。叶对生，形状为狭长圆形或倒卵形，长1~2.5 cm，宽4~8 mm。花序基部有纤细的柄。总苞呈陀螺状，高与直径各约1 mm或稍大。种子为卵棱状，每个棱面具数个皱纹。花果期为8—12月。

图4-4　通奶草

【分布范围】原产美洲。已经入侵我国北京、内蒙古、陕西、河南、江苏、安徽、浙江、甘肃、湖北、江西、湖南、福建、广东、广西、海南、重庆、四川、贵州、云南、西藏、香港、台湾等。广布于热带和亚热带。

【引入路径及扩散途径】混杂在进口粮食、油料、饲料无意带入。通过货物裹挟，随交通运输而无意扩散。

【发生生境及危害】喜疏松肥沃、湿润土壤。秋熟旱作物田、路旁、荒地、田野草丛中。为大豆、甘蔗和棉花等秋熟旱作物田以及果园、茶园及草坪的杂草。

【风险分析及控制措施】在秋熟旱作物田可以用氨氟乐灵和噁草酮处理加以控制。大豆田还可以使用氟磺胺草醚、三氟羧草醚等茎叶处理。综合利用：通奶草含有抗菌消炎成分，可以用于治疗牙疼、哮喘、支气管炎、结膜炎、细菌性痢疾、排尿困难、发热和阴道炎等疾病。通奶草可在垃圾填埋场旺盛生长，或许其也有对污染土壤改良的潜力。

5. 齿裂大戟

【学名】Euphorbia dentata Michx.。

【别名】齿叶大戟、锯齿大戟、紫斑大戟。

【分类地位】大戟科大戟属。

【形态及生物学特征】一年生草本植物。根纤细，下部多分枝。茎单一，叶片对生，线形至卵形，多变化，先端尖或钝，花序数枚，聚伞状生于分枝顶部，总苞钟状，裂片三角形，边缘撕裂状；两唇形，淡黄褐色。子房球状，光滑无毛；蒴果扁球状，种子卵球状，种阜盾状，黄色。7—10月开花结果。

【分布范围】原产北美洲。分布于我国北京、河北、江苏、浙江、湖南、云南。

图4-5　齿裂大戟

【引入路径及扩散途径】有意引进，后逸为野生。通常以蒴果、种子的形式混杂于植物原粮及种子中，随调运和引种作远距离传播。也可随动物的皮毛、耕作的农具、流水等传播到新地区。

【发生生境及危害】喜温暖潮湿，生于杂草丛、路旁及沟边。齿裂大戟为多种作物地的主要杂草，有毒，被列入2007年颁布的《中华人民共和国进境植物检疫性有害生物名录》，其繁殖力很强，一旦入侵传播将对中国农业生产和人畜健康产生严重危害。

【防治措施】开花前人工拔除。

6. 大麻

【学名】*Cannabis sativa* L.。

【别名】山丝苗、线麻、胡麻。

【分类地位】桑科大麻属。

【形态及生物学特征】一年生直立草本植物，枝密生灰白色贴伏毛；叶披针形或线状披针形，密被灰白色平伏毛花黄绿色，被细伏贴毛；花柱丝状，瘦果为宿存黄褐色苞片所包，果皮坚脆，表面具细网纹；种子扁平，胚弯曲，子叶厚肉质。花期5—6月，果期为7月。

图4-6 大麻

【分布范围】原产亚洲中部。我国黑龙江、吉林、辽宁、内蒙古、河北、山西、陕西、河南、山东、安徽、江苏、浙江、湖北、湖南、福建、广东、广西、海南、台湾、四川、重庆、贵州、云南、西藏、甘肃、宁夏、青海、新疆、天津有分布。

【引入路径及扩散途径】有意引进，人工引种，随丝绸之路传入西北、华北，再输入西南、华东等其他地区。

【发生生境及危害】农田杂草。吸食大麻能损害人体一些重要器官的功能，大麻能抑制人类自然杀伤细胞的活动能力。

【防治措施】大麻有100多种病害，其中灰霉病、癌肿病、猝倒病、叶斑病、疫病、根腐病、线虫病及寄生植物侵害等10多种比较严重，可据此进行合适的生物防除。严格禁止种植大麻。

7. 草木樨

【学名】*Melilotus suaveolens* Ledeb.。

【别名】黄花草木樨、黄香草木樨、金花草。

【分类地位】豆科草木樨属。

【形态及生物学特征】二年生草本植物。茎直立粗壮，多分枝，具纵棱，微被柔毛；羽状三出复叶，全缘或基部有1尖齿，小叶倒卵形、阔卵形、倒披针形至线形，边缘具不整齐疏浅齿；总状花序腋生，花初时稠密，花开后渐疏松，花序轴在花期中显著伸展，花冠黄色，旗瓣倒卵形；荚果卵形，先端具宿存花柱，表面具凹凸不平的横向细网纹，呈棕黑色；种子卵形，平滑且呈黄褐色。花期5—9月，果期6—10月。

【分布范围】我国分布于中国东北、华南、西南各地。中国各省常见栽培。欧洲地中海东岸、中东、中亚、东亚均有分布。

【引入路径及扩散途径】人工引种。

【发生生境及危害】生长在山坡、河岸、路旁、砂质草地及林缘。草木樨花期比其他种早半个多月，耐碱性土壤，为常见的牧草。草木樨采收地上部分药用。其味微甘，性平，归脾、大肠经，有止咳平喘、散结止痛之功效，主治哮喘、支气管炎、肠绞痛、创伤、淋巴结肿痛。

【防治措施】控制引种。草甘膦、氯氟吡氧乙酸化学防除。利用其作为青饲料和牧草。

图4-7　草木樨

8.杂种车轴草

【学名】*Trifolium hybridum* L.。

【别名】爱沙苜蓿、金花草、杂三叶。

【分类地位】豆科车轴草属。

【形态及生物学特征】多年生草本植物。杂种车轴草主根不发达，多支根；茎直立或上升，具纵棱，疏被柔毛或近无毛；掌状三出复叶，托叶卵形至卵状披针形，草质，小叶阔椭圆形，有时卵状椭圆形或倒卵形；花序球形，着生上部叶腋，无总苞，苞片甚小，锥刺状，花冠淡红色至白色，旗瓣椭圆形；荚果椭圆形；种子甚小，橄榄绿色至褐色。花果期6—10月。

图4-8　杂种车轴草

【分布范围】原产欧洲，分布于我国黑龙江、吉林、辽宁、陕西、河南、山东、安徽、江苏、浙江、江西、湖北、湖南、福建、广东、四川。

【引入路径及扩散途径】有意引进，人工引种到华北和东北，再到其他地区。

【发生生境及危害】逸生于林缘、路边潮湿地、河旁草地等处。具有较高的适应能力和入侵性，影响植物群落多样性。

【防治措施】严格监控其引种和栽培。可用2甲4氯、麦草畏等化学防治。

9. 白车轴草

【学名】*Trifolium repens* L.。

【别名】白花苜蓿、白花三叶草、白三叶、白三叶草、白轴草。

【分类地位】豆科车轴草属。

【形态及生物学特征】多年生草本植物，茎贴地匍匐；叶柄直立，小叶心形，边缘具细齿，叶脉明显，小叶叶柄极短；托叶椭圆形，顶端尖抱茎；头状花序，总花梗长于叶柄；花白色或淡红色；荚果倒卵状，矩形，包于膜质、膨大；种子褐色，近圆形。花期4—6月。

【分布范围】原产欧洲，在我国分布于黑龙江、吉林、

图4-9 白车轴草

辽宁、内蒙古、北京、河北、山东、河南、江西、陕西、山西、江苏、安徽、上海、浙江、湖北、湖南、广东、广西、贵州、重庆、四川、云南、甘肃、宁夏、青海、新疆。

【引入路径及扩散途径】有意引进，作为牧草引种到华北和西北地区，再引种到其他地区。

【发生生境及危害】生于农田、路边、牧场、草坪、旱作物田、果园、桑园。为杂草，对暖季型草坪危害尤为严重，常成为导致其退化的最主要因素。

【防治措施】加强引种栽培的监控和管理。氯氟吡氧乙酸、2甲4氯等化学防治。

10. 红车轴草

【学名】*Trifolium pratense* L.。

【别名】红花车轴草、红三叶、红三叶草。

【分类地位】豆科车轴草属。

【形态及生物学特征】多年生草本。主茎粗壮，具纵棱，直立或平卧上升，疏生柔毛或秃净。掌状三出复叶；托叶近卵形，基部抱茎；叶柄较长，茎上部的叶柄短，被伸展毛或秃净；小叶卵状椭圆形至倒卵形。花序球状或卵状，顶生；无总花梗或具甚短总花梗，包于顶生叶的托叶内，托叶扩展呈焰苞状，具花30～70朵，

图4-10 红车轴草

密集；几无花梗；花冠紫红色至淡红色，子房椭圆形，花柱丝状细长，胚珠1～2粒。荚果卵形；通常有1粒扁圆形种子。

【分布范围】原产欧洲。在我国辽宁、河北、河南、甘肃、青海、宁夏、新疆、山西、陕西、江苏、安徽、江西、重庆、贵州、云南、湖北、四川、湖南、黑龙江有分布。

【引入路径及扩散途径】最早作为牧草引种到华北和西北地区，再引种到其他地区。

【发生生境及危害】生于路边、农田、牧场、旱作物田、果园、桑园。有时入侵农田，但入侵性不强。

【防治措施】严格管理引种和栽培。氯氟吡氧乙酸、2甲4氯等化学防治。

11. 刺槐

【学名】*Robinia pseudoacacia* L.。

【别名】洋槐。

【分类地位】豆科刺槐属。

【形态及生物学特征】落叶乔木。树皮灰褐色，深纵裂，稀光滑。枝上有刺，叶为羽状复叶，呈椭圆形或卵形。花芳香，花柱钻形，花期4—6月。荚果线状长圆

形,褐色或具红褐色斑纹,果期8—9月。种子近肾形,种脐圆形,偏于一端。

【分布范围】原产美国东部,17世纪传入欧洲及非洲。我国于18世纪末从欧洲引入青岛栽培,现全国各地广泛栽植。

【引入路径及扩散途径】有意引进,人工引种。

【发生生境及危害】生于山坡、荒地、路边和庭院。刺槐

图4-11 刺槐

在北方一些山地植被中成为优势种群,影响被入侵地区的植被自然更新和自然保护区的生物多样性。

【防治措施】严格控制引种到自然植被良好的山区。

12. 钝叶决明

【学名】*Senna obtusifolia*(L.)H. S. Irwin & Barneby。

【分类地位】豆科决明属。

【形态及生物学特征】一年生亚灌木状草本。茎直立、粗壮;叶柄上无腺体;叶轴上每对小叶间有棒状的腺体1枚;小叶3对,倒卵形或倒卵状长椭圆形,顶端圆钝而有小尖头,基部渐狭,偏斜,上面被稀疏柔毛,下面被柔毛。花腋生,通常2朵聚生;萼片稍不等大,卵形或卵状长圆形,外面被柔毛;花瓣黄色,下面二

图4-12 钝叶决明

片略长;花药四方形,花丝短于花药;子房无柄,被白色柔毛。荚果纤细,近四棱形,两端渐尖;种子菱形,光亮。

【分布范围】原产北美洲东南部,分布于北京、福建、湖北、江苏、浙江、河北。

【引入路径及扩散途径】种子繁殖，自然扩散或人工引种扩散。

【发生生境及危害】多生于村边、路旁和旷野等处，具有较强的竞争力，排挤入侵地其他物种，破坏生态平衡，危害入侵地生态系统。

【防治措施】严格监控其引种和栽培。防控措施：①物理防控，人工拔除或机械清除；②化学防控，用2甲4氯、草甘膦等除草剂防除。

13. 苜蓿

【学名】*Medicago sativa* L.。

【别名】紫苜蓿、蓿草、紫花苜蓿。

【分类地位】豆科苜蓿属。

【形态及生物学特征】多年生宿根草本植物，茎直立、丛生或匍匐，呈四棱形，多分枝；托叶较大，卵状披针形，小叶片呈倒卵状长圆形；花朵是成簇状的总状花序；花梗呈尊钟状，花冠紫色花；果实螺旋形，熟时呈棕褐色；种子小而平滑，呈黄色或棕色。花期5—7月，果期为6—8月。

图4-13　苜蓿

【分布范围】原产亚洲西部。我国分布于吉林、辽宁、内蒙古、北京、河北、山西、陕西、河南、山东、甘肃、宁夏、青海、新疆、安徽、江苏、上海、浙江、江西、湖北、湖南、重庆、四川、贵州、台湾、云南、西藏。

【引入路径及扩散途径】作为牧草有意引进，由西亚传到新疆，再由新疆引种到陕西，人工引种到全国其他省份。

【发生生境及危害】农田、路边、草场杂草。

【防治措施】控制引种，精选种子。草甘膦、氯氟吡氧乙酸、麦草畏等化学防除。

14. 南苜蓿

【学名】*Medicago polymorpha* L.。

【别名】刺荚苜蓿、刺苜蓿、黄花苜蓿、金花菜、母齐头。

【分类地位】豆科苜蓿属。

【形态及生物学特征】一、二年生草本植物。其植株高20～90 cm；茎铺地生长，基部多分枝；叶片呈羽状三出复叶，小叶片倒卵形或倒心形；花序头状伞形，总花梗细挺直，花冠呈黄色；荚果肾形，成熟时变黑；种子长肾形，平滑且呈棕褐色。花期3—5月，果期5—6月。

【分布范围】原产地中海地区。我国安徽、江苏、上海、浙江、江西、湖北、重庆、湖南、云南、甘肃、陕西、福建、广西、四川有分布。

图4-14 南苜蓿

【引入路径及扩散途径】可能经丝绸之路有意引进，人工引种。随人工引种或果实黏附到货物、交通工具、动物鸟类皮毛或羽毛等传播扩散。

【发生生境及危害】农田、路边、草场杂草。作绿肥，也可供蔬菜食用。

【防治措施】严禁引种，精选种子。2甲4氯、氯氟吡氧乙酸等化学防除。

15. 紫穗槐

【学名】*Amorpha fruticosa* L.。

【别名】椒条、棉条、棉槐、紫槐。

【分类地位】豆科紫穗槐属。

【形态及生物学特征】落叶灌木植物。紫穗槐小枝幼时密被短柔毛，后渐变无毛；小叶卵形或椭圆形；穗状花序顶生或生于枝条上部叶腋，花冠紫色；荚果长圆形，成熟时棕褐色；花果期5—10月。紫穗槐因其穗状花序集生于枝顶和枝条上部的叶腋，花冠蓝紫色，故名紫穗槐。

图4-15 紫穗槐

【分布范围】原产美国东北部和东南部，中国东北、华北、西北及山东、安徽、江苏、河南、湖北、广西、四川等地均有栽培。

【引入路径及扩散途径】绿化树种，有意引进。

【发生生境及危害】耐寒性强，耐干旱能力也很强，能在降水量200 mL左右地区生长。也具有一定的耐淹能力，虽浸水1个月也不至死亡。对光线要求充足。对土壤要求不严。

【防治措施】紫穗槐系多年生优良绿肥，蜜源植物，耐瘠，耐水湿和轻度盐碱土，又能固氮。叶量大且营养丰富，含大量粗蛋白、维生素等，是营养丰富的饲料植物。紫穗槐还具有药用、观赏、经济、水土保持及作为防护林等综合利用价值。紫穗槐作为观赏植物引进，应加强人工管理。

16. 黑麦草

【学名】*Lolium perenne* L.。

【分类地位】禾本科黑麦草属。

【形态及生物学特征】多年生植物，秆高30~90 cm，基部节上生根质软。叶舌长约2 mm；叶片柔软，具微毛，有时具叶耳。穗形穗状花序直立或稍弯；小穗轴平滑无毛；颖披针形，边缘狭膜质；外稃长圆形，草质，平滑，顶端无芒；两脊生短纤毛。

图4-16　黑麦草

颖果长约为宽的3倍。花果期5—7月。

【分布范围】原产欧洲。我国分布于黑龙江、吉林、辽宁、内蒙古、北京、河北、天津、山西、陕西、河南、山东、甘肃、宁夏、青海、新疆、安徽、江苏、浙江、江西、湖北、重庆、四川、贵州、云南。

【引入路径及扩散途径】有意引进，作为牧草人工引种。

【发生生境及危害】喜温凉气候，肥沃土壤。夏熟作物田杂草；病源寄主。

【防治措施】控制引种，加强利用管理。草甘膦等化学防除。

17. 多花黑麦草

【学名】*Lolium multiflorum* Lamk.。

【别名】意大利黑麦草。

【分类地位】禾本科黑麦草属。

【形态及生物学特征】一年生草本植物，秆圆柱形，直立光滑，叶片柔软下披，叶背光滑而有光泽，深绿色，叶片比多年生黑麦草略长而宽；穗状花序，每小穗有小花，小穗芒外稃上部延伸成芒，这是区别于多年生黑麦草的主要特征；每穗花序种子小而轻。花果期7—8月。

图4-17　多花黑麦草

【分布范围】原产欧洲。我国分布于辽宁、河北、北京、陕西、河南、山东、甘肃、宁夏、青海、新疆、江苏、安徽、上海、浙江、湖北、湖南、重庆、四川、贵州、云南。

【引入路径及扩散途径】有意引进，作为牧草人工引种。

【发生生境及危害】农田、路边杂草。赤霉病和冠锈病的寄主。

【防治措施】控制引种于荒山荒坡。

18. 节节麦

【学名】*Aegilops tauschii* Coss.。

【别名】山羊草。

【分类地位】禾本科山羊草属。

【形态及生物学特征】一年生草本植物。秆高20～40 cm。叶鞘紧密包茎，叶片微粗糙，上面疏生柔毛。穗状花序圆柱形，小穗圆柱形，有小花；颖革质，外稃披针形，内稃与外稃等长，脊上具纤毛。花果期5—6月。

【分布范围】我国原产亚洲西部。在我国河北、山东、河南、陕西、山西、新疆、江苏、安徽、重庆有分布。

图4-18　节节麦

【引入路径及扩散途径】有意引进，人工引种到华北、西北地区栽培而扩散。

【发生生境及危害】生于夏熟作物田、草地。为麦田重要杂草，对除草剂有一定抗药性。节节麦一般发生区可造成小麦减产12%～15%，高发区小麦减产20%～

38%，同时小麦的品质也明显下降。

【防治措施】严格小麦引种中混杂节节麦种子。物理防治：苗期人工拔除。化学防治：麦田可以用甲基二磺隆、炔草酯等化学防除。

19. 野燕麦

【学名】*Avena fatua* L.。

【别名】燕麦草、乌麦、香麦、铃铛麦。

【分类地位】禾本科野燕麦属。

【形态及生物学特征】一年生草本植物。须根较坚韧；秆直立且光滑无毛；叶鞘光滑或基部者被微毛；叶舌透明膜质，叶片扁平微粗糙，或上面和边缘疏生柔毛；圆锥花序呈金字塔形，花柄弯曲下垂，背面中部以下具淡棕色或白色硬毛，芒自体中部稍下处伸出；颖果被淡棕色柔毛。花果期4—9月。

图4-19 野燕麦

【分布范围】原产欧洲南部及地中海沿岸，现欧、亚、非三洲的温寒地带均有分布，北美也有输入。在我国主要分布于北京、天津、河北、山西、内蒙古、辽宁、吉林、黑龙江、上海、江苏、浙江、安徽、福建、江西、山东、河南、湖北、湖南、广东、广西、海南、重庆、四川、贵州、云南、西藏、陕西、青海、宁夏、新疆、台湾、香港、澳门。

【引入路径及扩散途径】无意引进，随进口麦种传入。种子可随风、水流及调运种子传播。

【发生生境及危害】该种在海拔4 300 m以下均可分布，常见于荒野或田间，根系发达，分蘖能力强，为农田恶性杂草，可与农作物争水、争光、争肥，降低作物产量；同时种子易混杂于作物中，降低作物品质。野燕麦能传播小麦条锈病、叶锈病，同时是小麦黄矮病等毒病和多种害虫的中间寄主和越冬越夏的栖息场所。

【防治措施】开展化学防除，单独使用野麦畏或精噁唑禾草灵对野燕麦具有良好防除效果，对小麦及下茬作物比较安全，施一次药即可控制当季野燕麦危害。加强植物检疫，尤其是种子检疫工作，防止播种含有野燕麦的种子。

20. 野西瓜苗

【学名】*Hibiscus trionum* L.。

【别名】香铃草、灯笼花、小秋葵。

【分类地位】锦葵科木槿属。

【形态及生物学特征】一年生草本，株高20～70 cm；根常平卧，稀直立；茎柔软，被白色星状粗毛；茎下部叶圆形，不裂或稍浅裂，两侧裂片较短，裂片倒卵形或长圆形，常羽状全裂，上面近无毛或疏被粗硬毛，下面疏被星状粗刺毛；花单生叶腋；线形，被长硬毛，基部合生；花萼钟形，淡绿色，三角形，具紫色纵条纹，花冠淡黄色，内面基部紫色，倒卵形；果蒴果长圆状球形果皮薄，黑色；种子肾形，黑色，具腺状突起。花期7—9月。

图4-20　野西瓜苗

【分布范围】原产非洲。我国分布于黑龙江、吉林、辽宁、内蒙古、河北、山西、陕西、河南、山东、甘肃、宁夏、青海、新疆、安徽、江苏、浙江、江西、湖北、湖南、福建、广东、广西、海南、台湾、四川、重庆、贵州、云南、西藏。

【引入路径及扩散途径】无意引进，偶尔带入。随农作活动传播。

【发生生境及危害】旱作物地杂草，常见于路旁、田埂、荒坡或旷野等处。常见农田杂草，多生长在旱作物地和果园中，竞争水源和养分，导致农作物减产。

【防治措施】精选种子，及时拔除幼苗，防止其开花结果后种子进一步散播。也可用乳氟禾草灵、灭草松等除草剂防除。

21. 苘麻

【学名】*Abutilon theophrasti* Medikus。

【分类地位】锦葵科苘麻属。

【形态及生物学特征】一年生亚灌木草本植物。茎秆较高，上面有柔毛；叶子较大且有纹路，浅绿色，边缘不平整，叶柄较长；花朵呈扇形，表面有细毛，黄色；果实较小，呈半球形，种子为褐色。花期5—6月，果期7—9月。

【分布范围】原产印度。我国除西藏外，其他各地均有分布。

【引入路径及扩散途径】人工栽培，逸为野生。

【发生生境及危害】常见于路旁、田野、荒地、堤岸上。主要危害玉米、棉花、豆类、蔬菜等作物。

【防治措施】物理防治：在结果前清除植株。化学防治：特别是大豆田化学防除苘麻有两个施药适期，一是播后苗前施药，常用的除草剂

图4-21　苘麻

有异噁草松、丙炔氟草胺、嗪草酮、唑嘧磺草胺、甲咪唑烟酸等，土壤均匀喷雾处理；二是苗后施药，可用的除草剂品种主要有三氟羧草醚、乳氟禾草灵、氟磺胺草醚、灭草松、乙羧氟草醚等，茎叶均匀喷雾处理。

22. 多花百日菊

【学名】*Zinnia peruviana* L.。

【别名】多花百日草、山菊花、五色梅。

【分类地位】菊科百日菊属。

【形态及生物学特征】一年生草本。茎被糙毛或长柔毛。叶披针形或窄卵状披针形，基部圆半抱茎，两面被糙毛，三出基脉在下面稍凸起。头状花序，生枝端，排成伞房状圆锥花序，花序梗膨大呈圆柱状；总苞钟状，总苞片多层，长圆形，边缘稍膜质。舌状花黄、紫红或红色，舌片椭圆形，全缘或2～3齿裂；管状花红黄色，5裂，裂片长圆形，上面被黄褐色密茸毛。花期6—10月，果期7—11月。

图4-22　多花百日菊

【分布范围】原产墨西哥。我国分布于河北、天津、河南、山东、陕西、甘肃、

四川、云南。

【引入路径及扩散途径】有意引进，人工引种观赏而逸生。

【发生生境及危害】山坡、草地或路边，海拔达1 250 m。栽培观赏，有归化野生。影响景观和森林恢复。

【防治措施】控制引种，西南地区尤应慎重。

23. 意大利苍耳

【学名】*Xanthium strumarium* subsp. *italicum*（Moretti）D. Löve。

【分类地位】菊科苍耳属。

【形态及生物学特征】一年生草本植物；侧根分支很多，长可达2.1 m；植物体高可达200 cm，子叶狭长，茎直立，粗壮，基部木质化，有棱，常多分枝，单叶互生，叶片三角状卵形至宽卵形，边缘具不规则的齿或裂，两面被短硬毛；头状花序单性同株；雄花序生于雌花序的上方；雌花序具花；总苞结果时长圆形，外面长倒钩刺，刺上被白色透明的刚毛和短腺毛。5月中旬发芽，6月展叶，花期8月，果期8—9月。

图4-23　意大利苍耳

【分布范围】我国起源于北美洲和南欧。在我国北京、广西、台湾有分布。

【引入路径及扩散途径】随进口农产品特别是羊毛等裹挟带入。

【发生生境及危害】生于荒地、田间、河滩地、沟边路旁。主要危害玉米、棉花、大豆等作物。意大利苍耳植株覆盖度大，竞争力强，易形成优势群落。幼苗有毒，牲畜误食会造成中毒。

【防治措施】预防：①凡从国外进口的粮食或引进种子，以及国内各地调运的旱地作物种子，要严格检疫；②在意大利苍耳发生地区，应调换没有意大利苍耳混杂的种子播种。采收作物种子时进行田间选择，选出的种子要单独脱粒和储藏。有意大利苍耳发生的农田，可在其开花时彻底将它销毁，连续进行2~3年，即可根除。化学防除：25%灭草松水剂、20%氯氟吡氧乙酸乳油在意大利苍耳4~5叶期进行茎叶处理，具有良好的防除效果。

24. 苏门白酒草

【学名】*Erigeron sumatrensis* Retz.。

【别名】苏门白酒菊。

【分类地位】菊科白酒草属。

【形态及生物学特征】一年生或二年生草本植物，纤维状根。纺锤状，茎粗壮，直立，高可达150 cm，叶密集，基部叶花期凋落，叶片狭披针形或近线形，头状花序多数，总苞卵状短圆柱状，总苞片灰绿色，花托稍平，雌花多层，管部细长，舌片极短细，丝状，两性花，花冠淡黄色，檐部狭漏斗形，瘦果线状披针形。花果期5—10月。

图4-24 苏门白酒草

【分布范围】原产南美洲，现分布于湖北、湖南、江苏、浙江、江西、福建、台湾、广东、广西、海南、香港、澳门、四川、重庆、贵州、云南、西藏（吉隆）。

【引入路径及扩散途径】无意引进，子实可能裹挟在货物、粮食中传入。

【发生生境及危害】荒地、路旁、山坡、果园、林地、农田和草地等。该植物可产生大量瘦果，瘦果可借冠毛随风扩散，蔓延极快，对秋收作物、果园和茶园危害严重，为一种常见杂草，通过分泌化感物质抑制邻近其他植物的生长。

【防治措施】通常通过苗期人工拔除。化学防治可在苗期使用绿麦隆。

25. 小蓬草

【学名】*Erigeron canadensis* L.。

【别名】加拿大飞蓬、飞蓬、小飞蓬、小白酒草。

【分类地位】菊科飞蓬属。

【形态及生物学特征】一年生草本植物。根纺锤状，具纤维状根；茎直立，圆柱状，有条纹；叶密集，基部叶花期常枯萎；头状花序多数，排列成顶生多分枝的大圆锥花序；花序梗细，总苞近圆柱状，淡绿色；雌花多数，舌状，白色；两性花淡黄色，花冠管状；瘦果线状披针形。花期5—9月。

【分布范围】原产北美洲，现分布于安徽、澳门、北京、福建、甘肃、广东、广西、贵州、海南、河北、河南、黑龙江、湖北、湖南、吉林、江苏、江西、辽宁、内蒙古、宁夏、青海、山东、山西、陕西、四川、台湾、天津、西藏、香港、新疆、云南、浙江、重庆。

【引入路径及扩散途径】无意引进，偶然带入。

【发生生境及危害】路边、农田、荒野。该植物可产生大量瘦果，蔓延极快，对秋收作物、果园和茶园危害严重，为一种常见杂草，通过分泌化感物质抑制邻近其他植物的生长。该植物是棉铃虫和棉蝽象的中间宿主，其叶汁和捣碎的叶对皮肤有刺激作用。

图4-25 小蓬草

【防治措施】通常通过苗期人工拔除。化学防治可在苗期使用绿麦隆。

26. 一年蓬

【学名】*Erigeron annuus*（L.）Pers.。

【别名】白顶飞蓬、千层塔、治疟草、野蒿。

【分类地位】菊科飞蓬属。

【形态及生物学特征】一年生或二年生草本植物，花期6—9月。其植株高30～100 cm。茎直立，上部有分枝，被糙伏毛。基生叶花期枯萎，长圆形或宽卵形；茎生叶互生，长圆状披针形或披针形。头状花序直径1.2～1.6 cm，排成疏圆锥状或伞房状，外围的雌花舌状，舌片线形。瘦果长圆形，边缘翅状。

图4-26 一年蓬

【分布范围】原产北美洲，现广布北半球温带和亚热带地区。除宁夏、海南外，各地均有采集记录。

【引入路径及扩散途径】通过旅行或交通无意引进或从邻国自然扩散引进，在上海定植，后蔓延至全国各地。

【发生生境及危害】本种可产生大量具冠毛的瘦果，瘦果可借冠毛随风扩散，蔓延极快，对秋收作物、桑园、果园和茶园危害严重，也可入侵草原、牧场、苗圃造成危害，也常入侵山坡湿草地、旷野、路旁、河谷或疏林下，排挤本土植物。该植物还是害虫地老虎的宿主。

【防治措施】开花前拔除或开展替代种植，当一年蓬入侵面积比较大时可采用化学防治，先人工去除其果实，用袋子包好，再拔除，或结合化学防治。

27. 香丝草

【学名】Erigeron bonariensis L.。

【别名】野地黄菊、蓑衣草、亚麻叶飞蓬、波叶飞蓬、野塘蒿。

【分类地位】菊科飞蓬属。

【形态及生物学特征】一年生或二年生草本植物。茎直立或斜升，中部以上常分枝。叶密集，基部叶花期常枯萎，下部叶倒披针形或长圆状披针形。头状花序多数，在茎端排列成总状或总状圆锥花序；总苞椭圆状卵形，总苞片2~3层，线形，顶端尖，背

图4-27 香丝草

面密被灰白色短糙毛，外层稍短或短于内层之半，内层具干膜质边缘。花托稍平，有明显的蜂窝孔；雌花多层，白色，花冠细管状；两性花淡黄色，花冠管状，管部上部被疏微毛，上端具5齿裂；瘦果线状披针形，扁压，被疏短毛；冠毛1层，淡红褐色。

【分布范围】产于我国中部、东部、南部至西南部各省区；原产南美洲，现广泛分布于热带及亚热带地区。

【引入路径及扩散途径】无意引进或从邻国自然扩散进入。

【发生生境及危害】常生于荒地，田边、路旁，为一种常见的杂草。可阻碍路边交通，影响农作物生长。

【防治措施】加强检疫。对裸地应及时绿化，防止该草入侵。草甘膦、草胺膦、氯氟吡氧乙酸化学防除。

28. 鬼针草

【学名】*Bidens pilosa* L.。

【别名】三叶鬼针草、引线草。

【分类地位】菊科鬼针草属。

【形态及生物学特征】一年生草本植物。茎无毛或上部被极疏柔毛；头状花序径8～9 mm，花序梗长1～6 cm；总苞基部被柔毛，外层总苞片7～8，线状匙形，草质，背面无毛或边缘有疏柔毛；无舌状花，盘花筒状，冠檐5齿裂；瘦果熟时黑色，线形，具棱，长0.7～1.3 cm，上部具稀疏瘤突及刚毛，顶端芒刺3～4，具倒刺毛。

图4-28 鬼针草

【分布范围】原产热带美洲，现分布于安徽、澳门、北京、福建、广东、广西、贵州、海南、河北、河南、湖北、湖南、江苏、江西、山东、山西、四川、台湾、天津、西藏、香港、云南、浙江、重庆。

【引入路径及扩散途径】可能由美洲无意引进到香港，再到广东等华南地区，然后扩散至中国其他地区。

【发生生境及危害】常生于农田、村边、路旁及荒地，是常见的旱田、桑园、茶园和果园的杂草，影响作物产量。该植物是棉蚜等病虫的中间寄主。

【防治措施】在开花之前人工清除最好，或是氟磺胺草醚喷雾防治，效果较好。

29. 婆婆针

【学名】*Bidens bipinnata* L.。

【别名】鬼碱草、刺针草、钢叉草。

【分类地位】菊科鬼针草属。

【形态及生物学特征】一年生草本。茎直立，高30～120 cm。叶对生，具柄，柄长2～6 cm。总苞杯形，基部有柔毛，外层苞片5～7枚，条形，开花时长2.5 mm，果时长达5 mm。舌状花通常1～3朵。瘦果条形，略扁，3～4棱，具瘤状突起及小刚毛，顶端芒刺3～4枚，具倒刺毛。花果期6—11月。

【分布范围】原产于北美洲。我国甘肃、陕西、重庆、湖北、湖南、江西、四川、安徽、江苏、上海、浙江、广西、贵州、福建、广东、河北、江西、吉林、辽宁、内蒙古、山东、台湾、云南有分布。

【引入路径及扩散途径】无意引进，或自然入侵。借助瘦果上的刺，黏附在人的衣服、鞋或动物皮毛上传播，或附着在车辆货物上进行传播也可借助水流传播。

图4-29 婆婆针

【发生生境及危害】海拔50~300 m的农田、林地、路边、废弃地、受扰动的阴湿地点。危害程度轻，恶性杂草，侵入秋熟旱作物、果园等，危害农作物，影响作物产量，常形成优势群落，排挤本地植物，破坏当地生物多样性。

【防治措施】物理防治：以人工拔除为主，当面积较大时需要采用机械翻耕土壤的方法。在开花前采用物理防治的方法，能取得事半功倍的效果。化学防治：采用草甘膦、草胺膦、2甲4氯或氯氟吡氧乙酸任选其一于开花前喷施为佳。

30. 大狼耙草

【学名】*Bidens frondosa* L.。

【别名】接力草、外国脱力草、大花咸丰草。

【分类地位】菊科鬼针草属。

【形态及生物学特征】一年生草本。茎直立，分枝，常带紫色。叶对生，具柄，为一回羽状复叶，披针形，先端渐尖，边缘有粗锯齿，通常背面被稀疏短柔毛，至少顶生者具明显的柄。头状花序单生茎端和枝端。总苞钟状或半球形，外层

图4-30 大狼耙草

苞片叶状，内层苞片膜质，无舌状花或舌状花不发育，极不明显，筒状花两性；瘦果扁平，狭楔形，顶端芒刺2枚，有倒刺毛。

【分布范围】原产北美洲。我国主要分布于北京、河北、辽宁、吉林、黑龙江、上海、江苏、浙江、安徽、福建、江西、山东、河南、湖北、湖南、广东、广西、海南、重庆、四川、云南、台湾。

【引入路径及扩散途径】通过旅行或农产品贸易裹挟无意引进到东部。

【发生生境及危害】适应性强，喜于湿润的土壤上生长，常生长在荒地、路边和沟边，具有较强的繁殖能力，易形成优势群落，排挤本地植物；在低洼的水湿处及稻田的田埂上生长较多，在稻田缺水的条件下，可大量侵入田中，与农作物竞争养分，降低作物产量。

【防治措施】结实前人工拔除，也可采用化学方法防治，但由于化学方法容易造成水体污染，使用时要慎重。

31. 黄顶菊

【学名】*Flaveria bidentis*（L.）Kuntze。

【别名】二齿黄菊、三脉黄顶菊。

【分类地位】菊科黄顶菊属。

【形态及生物学特征】一年生草本植物。株高20～100 cm，最高的可达到3 m左右。茎直立、紫色，茎上带短绒毛。叶子交互对生，长椭圆形，叶边缘有稀疏而整齐的锯齿，基部生3条平行叶脉。主茎及侧枝顶端上头状花序聚集顶端密集成蝎尾状聚伞花序，花冠鲜艳，花鲜黄色，非常醒目。花果期夏季至秋季。

图4-31 黄顶菊

【分布范围】原产西印度群岛和南美洲。山东、河北、天津、河南局部分布。

【引入路径及扩散途径】首先在天津被引种后，逃逸扩散，在周围的河北等扩散蔓延。

【发生生境及危害】荒地、路边、山坡、果园、林地、农田和草地等。世界著名入侵种之一，入侵后会给当地农业、林业、畜牧业及生态环境带来极大的危害。

恶性杂草，植株高大，生长极快，适应性极强。严重消耗土壤肥力，导致农作物减产，其根系能产生化感物质，抑制其他生物生长，并最终导致其他植物死亡，从而降低生物多样性。

【防治措施】在种子成熟前将植株铲除掉，或在苗期阶段适时喷施除草剂草甘膦。加强检疫与监控。此外，可通过种植苏丹草、玉米、向日葵等进行生物替代，控制其扩张。

32. 藿香蓟

【学名】*Ageratum conyzoides* L.。

【别名】胜红蓟。

【分类地位】菊科藿香蓟属。

【形态及生物学特征】一年生草本植物，无明显主根；茎粗壮，底部径4 mm，茎枝淡红色，或上部绿色覆盖白色尘状短柔毛；叶对生，叶片卵形或长圆形；藿香蓟花序伞房状，总苞钟状或半球形，苞片长圆形或披针状长圆形；花冠长外面无毛或顶端有尘状微柔毛，淡紫色；瘦果黑褐色。花期7—12月。

图4-32 藿香蓟

【分布范围】原产热带美洲。现已广泛分布于非洲全境、印度、印度尼西亚、老挝、柬埔寨、越南等地。我国主要分布于北京、天津、河北、辽宁、吉林、黑龙江、上海、江苏、浙江、安徽、福建、江西、山东、河南、湖北、湖南、广东、广西、海南、重庆、四川、贵州、云南、西藏（东南部）、陕西、台湾、香港、澳门。

【引入路径及扩散途径】人工引种或通过观赏植物的引种无意裹挟带入。

【发生生境及危害】该种常见于山谷、林缘、河边、茶园、农田、草地和荒地等生境，常侵入作物地，如在玉米、甘蔗和甘薯田中，发生量大，危害严重。能产生和释放多种化感物质，抑制本土植物的生长，常在入侵地形成单优群落，对入侵地生物多样性造成威胁，目前已入侵到一些自然保护区。

【防治措施】可结合中耕除草。严重地区可采用化学防治，用草除灵喷施，持效期可达2~3个月，精异丙甲草胺和乙羧氟草醚对花生田的藿香蓟防效显著。

33. 剑叶金鸡菊

【学名】*Coreopsis lanceolata* L.。

【别名】线叶金鸡菊。

【分类地位】菊科金鸡菊属。

【形态及生物学特征】多年生草本植物。植株高30～70 cm；根为纺锤状；茎无毛或基部被软毛，上部有分枝；叶在茎基部成对簇生，叶片匙形或线状倒披针形，裂片长圆形或线状披针形，上部叶线形或线状披针形；头状花序在茎端单生，舌状花黄色；瘦果圆形或椭圆形。花期5—9月。

【分布范围】原产北美洲。我国安徽、江苏、浙江、福建、江西、贵州、重庆、河南、湖南有分布。

图4-33　剑叶金鸡菊

【引入路径及扩散途径】有意引进，栽培作花卉，逸生。

【发生生境及危害】生于荒野、草坡。路边、荒野杂草，影响景观和森林恢复。

【防治措施】可能禁止引种该植物于开阔地、公路、铁路沿线。发现逸生植株应及时清除。

34. 大花金鸡菊

【学名】*Coreopsis grandiflora* Hogg ex Sweet。

【分类地位】菊科金鸡菊属。

【形态及生物学特征】多年生草本植物。茎无毛或基部被软毛有分枝；茎基部叶成对簇生；头状花序单生茎端，舌状花黄色，舌片倒卵形或楔形；瘦果宽椭圆形边缘翅较厚有小

图4-34　大花金鸡菊

瘤突。花期5—9月。

【引入路径及扩散途径】有意引进，栽培作为花卉后逸生。

【种群建立状况】已建立种群。

【分布范围】原产于美国，我国分布于山东、云南、湖南。

【发生生境及危害】路边、荒野杂草，对景观、森林等有负面影响。花序药用，能止血，根用于提取菊糖。

【可能扩散的区域】全国大部分地区。

【防治措施】控制引种，防止扩散。

35. 钻叶紫菀

【学名】*Symphyotrichum subulatum*（Michx.）G. L. Nesom。

【别名】钻形紫菀、窄叶紫菀。

【分类地位】菊科卷舌菊属。

【形态及生物学特征】一年生草本植物。钻叶紫菀茎无毛；基生叶倒披针形，花后凋落；茎中部叶线状披针形；头状花序，多数在茎顶端排成圆锥状，总苞钟状，舌状花细狭，淡红色；瘦果长圆形或椭圆形，冠毛淡褐色。花果期近全年。

【分布范围】原产北美洲，现分布于安徽、澳门、北京、福建、广东、广西、贵州、河北、河南、湖北、湖南、江苏、江西、辽宁、山东、上海、四川、台湾、天津、香港、云南、浙江、重庆。

图4-35 钻叶紫菀

【引入路径及扩散途径】可能通过作物或旅行等无意引进到华东地区，再扩散至其他省。

【发生生境及危害】喜生于潮湿的土壤，沼泽或含盐的土壤中也可以生长，常沿河岸、沟边、洼地、路边、海岸蔓延。侵入农田危害棉花、花生、大豆、甘薯、水稻等作物，也常侵入浅水湿地，影响湿地生态系统及其景观。

【防治措施】钻叶紫菀以种子为繁殖器官，故在植物开花前应整株铲除，也可通过深翻土壤，抑制其种子萌发；加强粮食进口的检疫工作，精选种子；并使用氯氟吡氧乙酸、2甲4氯等进行化学防除。

36. 苦苣菜

【学名】*Sonchus oleraceus* L.。

【别名】滇苦荬菜。

【分类地位】菊科苦苣菜属。

【形态及生物学特征】一年生或二年生草本。根圆锥状，垂直直伸，有多数纤维状的须根。茎直立，单生。基生叶羽状深裂，全形长椭圆形或倒披针形。头状花序少数在茎枝顶端排紧密的伞房花序或总状花序或单生茎枝顶端。全部总苞片顶端长急尖，外面无毛或外层或中内层上部沿中脉有少数头状具柄的腺毛。舌状小花多数，黄色。瘦果褐色，长椭圆形或长椭圆状倒披针形。花果期5—12月。

图4-36 苦苣菜

【分布范围】原产欧洲。我国分布于黑龙江、吉林、辽宁、内蒙古、北京、河北、山西、陕西、河南、山东、甘肃、宁夏、青海、新疆、安徽、江苏、上海、浙江、江西、湖北、湖南、福建、广东、广西、海南、台湾、重庆、四川、贵州、云南、西藏。

【引入路径及扩散途径】无意引进或从邻国自然扩散进入。再经西北扩散蔓延到华北、华东、华中、华南和西南地区。

【发生生境及危害】生于山坡路边荒野处、田野、路旁、村舍附近。危害作物、草坪，影响景观。

【防治措施】严禁引种。二甲戊灵、氯氟吡氧乙酸等进行化学防治。

37. 续断菊

【学名】*Sonchus asper*（L.）Hill。

【别名】石白头、花叶滇苦菜。

【分类地位】菊科苦苣菜属。

【形态及生物学特征】一年生草本。茎单生或簇生，茎枝无毛或上部及花序梗被腺毛。基生叶与茎生叶同，较小；中下部茎生叶长椭圆形、倒卵形、匙状或匙状椭圆形；上部叶披针形，不裂，基部圆耳状抱茎；下部叶或全部茎生叶羽状浅裂、半裂或深裂；叶及裂片与抱茎圆耳边缘有尖齿刺，两面无毛。头状花序排成稠密伞房花序；总苞宽钟状，绿色，草质，背面无毛，外层长披针形或长三角形，中内层长椭圆状披针形或宽线形；舌状小花黄色。瘦果倒披针状，褐色；冠毛白色。花果期5—10月。

【分布范围】原产欧洲。我国黑龙江、吉林、辽宁、内蒙古、北京、河北、山西、陕西、山东、甘肃、宁夏、青海、新疆、安徽、江苏、上海、浙江、江西、湖南、湖北、福建、广东、广西、海南、台湾、四川、重庆、贵州、云南、西藏。

图4-37 续断菊

【引入路径及扩散途径】无意引进或从邻国自然扩散进入，再经西北扩散蔓延到华北、华东、西南和中南地区。

【发生生境及危害】生于路边、荒地以及作物田。杂草，危害作物、草坪，影响景观。

【防治措施】二甲戊灵、氟氟吡氧乙酸等进行化学防控。

38. 鳢肠

【学名】*Eclipta prostrata*（L.）L.。

【别名】毛鳢肠。

【分类地位】菊科鳢肠属。

【形态及生物学特征】一年生草本植物。茎直立，高可达60 cm，叶片长圆状披针形或披针形，无柄或有极短的柄，两面被密硬糙毛。头状花序，有细花序梗；总苞球状钟形，总苞片绿色，草质，长圆形或长圆状披针形，外围的雌花，舌状，舌片短，花冠管状，白

图4-38 鳢肠

色，花柱分枝钝，花托凸，托片中部以上有微毛；瘦果暗褐色，雌花的瘦果三棱形，两性花的瘦果扁四棱形，6—9月开花。

【分布范围】产全国各省区。世界热带及亚热带地区广泛分布。

【引入路径及扩散途径】人为引种栽培。

【发生生境及危害】生于河边、田边或路旁，是夏大豆田中的恶性杂草。

【防治措施】控制引种。

39. 秋英

【学名】*Cosmos bipinnatus* Cav.。

【别名】波斯菊。

【分类地位】菊科秋英属。

【引入路径】引进栽培作为观赏花卉后逸生。

【形态及生物学特征】一年或多年生草本植物；茎无毛或稍被柔毛；叶二回羽状深裂；秋英花为头状单生，花苞外层叶呈披针形，淡绿色；花瓣椭圆状倒卵形，舌状花紫红色至白色，管状花黄色，花柱较短；果实线形黄褐色，熟时呈黑色；花期6—8月，果期9—10月。

图4-39　秋英

【分布范围】原产于墨西哥，我国分布于黑龙江、吉林、辽宁、河南、陕西、河北、天津、江苏、四川、重庆、云南、西藏。

【扩散途径】人工引种栽培而扩散。

【发生生境及危害】生于荒野、草坡、道路两旁。为路边、荒野杂草，影响景观和森林恢复。

【预防、控制和管理措施】登记审批，严格控制引种。不宜作为荒野、草坡、道路两旁的绿化和美化植物材料。

40. 黄秋英

【学名】*Cosmos sulphureus* Cav.。

【别名】硫磺菊。

【分类地位】菊科秋英属。

【引入路径】有意引进，在南方栽培逸生。

【形态及生物学特征】茎光滑或稍有毛；叶对生，2回羽状裂，裂片稀疏，披针形或椭圆形，全缘头状花序单生或再排成伞房状；总苞片2层，基部联合，外层总苞片卵状披针形，顶端窄尖，内层总苞片长椭圆状卵形，边缘膜质；花序托平坦，有托片；缘花

图4-40　黄秋英

舌状，花橘黄色或金黄色，顶端截形，有浅齿，不育；盘花管状，花黄色，两性，能育；瘦果有糙毛，有细长喙，线形，喙端有2~4芒，芒有倒刺。

【分布范围】起源于墨西哥，我国分布于浙江、福建、广东、台湾、四川、重庆、贵州、云南。

【扩散途径】借人工引种而传播扩散。

【发生生境及危害】荒野、草坡、庭院。逸为杂草，影响景观和森林恢复。

【预防、控制和管理措施】控制引种栽培，严格审批管理。不宜在公路和荒野地作为绿化材料。

41. 豚草

【学名】*Ambrosia artemisiifolia* L.。

【别名】艾叶破布草、艾叶豚草、美洲艾、美洲豚草、普通豚草。

【分类地位】菊科豚草属。

【形态及生物学特征】一年生草本植物。豚草茎直立，上部有圆锥状分枝，有棱；下部叶对生，具短叶柄，上部叶互生，无柄，羽状分裂；雄头状花序半球形或卵形，总苞宽半球形或碟形，总苞片全部结合；瘦果倒卵形，无毛，藏于坚硬的总苞中。花期8—9月，果期9—10月。

【分布范围】原产北美。在我国

图4-41　豚草

长江流域已驯化野生成为路旁杂草。分布于黑龙江、辽宁、吉林、内蒙古、河北、北京、天津、山东、新疆、上海、江苏、浙江、江西、安徽、湖南、湖北、四川、贵州、西藏、广东、广西、台湾。

【引入路径及扩散途径】经苏联借经济交往入东北，后传播到各地。但是，华东地区也可能由进口粮食和货物裹挟带入。

【发生生境及危害】荒地、路边、水沟旁、田块周围或农田中。遮盖和压抑作物，阻碍农业操作，影响作物产量。花粉、表皮毛对人体也有危害，可引起人体过敏、哮喘、过敏性皮炎等症。对土壤动物的抑制作用具有类群的选择性，对线虫类和蚯蚓类的抑制作用更强。

【防治措施】生物防除：用广聚银叶甲、豚草条纹叶甲、豚草卷蛾进行生物防治有良好效果；化学防治：灭草松、氟磺胺草醚、草甘膦等可有效控制豚草生长；生态替代：用紫穗槐、沙棘等进行替代控制有良好的效果。

42. 万寿菊

【学名】*Tagetes erecta* L.。

【分类地位】菊科万寿菊属。

【种群建立状况】已建立种群。

【形态及生物学特征】一年生草本植物。茎近基部分枝，叶羽状分裂，裂片长椭圆形或披针形；舌状花为黄或暗橙黄色，基部成长爪，管状花花冠黄色；瘦果线形，被微毛。花期7—9月。

【分布范围】原产墨西哥，我国分布于江苏、广东、四川、重庆、云南。

图4-42 万寿菊

【经济和生态影响】杂草，入侵山坡草地，影响生物多样性和森林恢复。庭院常有栽培，供观赏。全株可入药，做色素。提取物有杀菌作用。

【引入路径及扩散途径】人工引种栽培观赏，后逸生。

【可能扩散的区域】中国热带及亚热带地区。

【发生生境及危害】路旁、花坛。逸为杂草，影响景观和森林恢复。

【预防、控制和管理措施】不宜在道路两旁、山坡绿化中栽培，特别是长江流域及其以南地区要加以控制和监管。

43. 菊芋

【学名】*Helianthus tuberosus* L.。

【别名】地姜、鬼仔姜、洋姜、洋生姜。

【分类地位】菊科向日葵属。

【形态及生物学特征】多年宿根性草本植物。高1~3 m，有块状的地下茎及纤维状根。茎直立，有分枝，被白色短糙毛或刚毛。叶通常对生，有叶柄，但上部叶互生；下部叶卵圆形或卵状椭圆形。头状花序较大，少数或多数，单生于枝端，有1~2个线状披针形的苞叶，直立，舌状花通常12~20个，舌片黄色，开展，长椭圆形，管状花花冠黄色，长6 mm。瘦果小，楔形，上端有2~4个有毛的锥状扁芒。花期8—9月。

图4-43 菊芋

【分布范围】原产北美洲。我国分布黑龙江、吉林、辽宁、北京、河北、河南、山东、安徽、江苏、上海、浙江、江西、湖北、湖南、福建、广西、四川、重庆、贵州、云南。

【引入路径及扩散途径】有意引进，人工引种到沿海地区栽培，而后逸生，并再逐渐扩散到内地其他省（自治区）。通过人工引种栽培，而扩散蔓延。

【发生生境及危害】适应性强，在宅边、路边、地堰、河滩、荒山，甚至沙丘都可以生长。常见的路边杂草，影响景观、生物多样性。

【防治措施】严格控制引种，加强利用研究。

44. 加拿大一枝黄花

【学名】*Solidago canadensis* L.。

【别名】黄莺、金棒草、幸福草。

【分类地位】菊科一枝黄花属。

【形态及生物学特征】多年生草本植物，有长根状茎。茎直立，高达2.5 m。叶披针形或线状披针形。头状花序很小，在花序分枝上单面着生，形成开展的圆锥状花序。通常形成直立生长的植物群落，在叶子上方的分枝花序中开有许多黄色小花。

【分布范围】河南、江苏、安徽、浙江、上海、湖北、湖南、福建、广东、广西、江西、重庆。

【引入路径及扩散途径】作为观赏花卉引进到上海种植,后逸生,并随风传播子实,迅速扩散蔓延到整个华东地区,并逐渐向西、向北入侵。

【发生生境及危害】以种子和根状茎繁殖,根状茎发达,繁殖力极强,传播速度快,生长迅速,生态适应性广阔,从山坡林地到沼泽地带均可生长。常入侵城镇

图4-44 加拿大一枝黄花

庭园、郊野、荒地、河岸高速公路和铁路沿线等处,还入侵低山疏林湿地生态系统,严重消耗土壤肥力;花期长、花粉量大,可导致花粉过敏症。

【防治措施】严格管理引种栽培,严防逃逸扩散蔓延。危害面积较小时,在结实前手工拔除并彻底根除其根状茎;危害面积较大时,采用草甘膦等除草剂进行喷施防除。利用菟丝子寄生也可抑制其生长。

45. 小酸模

【学名】*Rumex acetosella* L.。

【分类地位】蓼科酸模属。

【形态及生物学特征】多年生草本。根状茎横走,木质化。茎数条自根状茎发出。茎下部叶戟形,中裂片披针形或线状披针形,顶端急尖,基部两侧的裂片伸展或向上弯曲,全缘,两面无毛;茎上部叶较小叶柄短或近无柄;托叶鞘膜质,白色,常破裂。花序圆锥状,顶生,疏松,花单性,雌雄异株;花簇具2~7

图4-45 小酸模

花。瘦果宽卵形,黄褐色,有光泽。花期6—7月,果期7—8月。

【分布范围】我国产黑龙江、内蒙古、新疆、河北、山东、河南、江西、湖南、

湖北、四川、福建及台湾。朝鲜、日本、蒙古国、高加索、哈萨克斯坦、俄罗斯、欧洲及北美也有。

【引入路径及扩散途径】可能在引进牧草种子过程中裹挟带入。

【发生生境及危害】生山坡草地、林缘、山谷路旁，海拔400～3 200 m。小酸模能在除盐碱地外的任何土壤中生长，且在酸性及疏松肥沃的土壤中生长较好。由于小酸模具有极强的有性和无性繁殖能力，在适宜生存的条件下迅速扩展，侵占农田和草地，严重危及农牧业生产。

【防治措施】加强引种管理，也可通过放牧管理控制，或用化学除草剂防除。

46. 小花山桃草

【学名】*Oenothera curtiflora* W. L. Wagner & Hoch。

【别名】光果小花山桃草。

【分类地位】柳叶菜科山桃草属。

【形态及生物学特征】一年生草本植物。茎直立，不分枝；叶宽倒披针形，先端锐尖；花序呈穗状，花瓣白色，后红色，密集呈鞭状、倒卵形；果呈纺锤形，有不明显棱；花期7—8月，果期8—9月。

【分布范围】原产北美洲。我国河北、河南、山东、安徽、江苏、湖北、福建有引种。

图4-46　小花山桃草

【首次发现或入侵中国的最早记载】1930年在山东烟台采集到标本。

【引入路径及扩散途径】有意引种栽培而逸生。

【发生生境及危害】生于荒地、路旁、山坡、果园、林地、农田和草地等。入侵作物田和果园导致农作物和果树减产，入侵铁路、公路等，排斥其他草本植物，减少生物多样性，影响景观。极大地消耗土壤养分，对土壤的可耕性破坏严重，影响其他植物的生长。

【防治措施】切断种子源，可在其种子成熟之前将路边、坡地、果园等处的植株铲除掉。利用草甘膦等除草剂在非耕地使用。加强检疫。

47. 苦蘵

【学名】*Physalis angulata* L.。

【别名】灯笼草、灯笼果、灯笼泡、苦蘵酸浆。

【分类地位】茄科酸浆属。

【形态及生物学特征】一年生草本植物。其茎疏被短柔毛或近无毛，多分枝。叶呈卵形或卵状椭圆形，全缘或有不等大牙齿，两面近无毛。花萼被短柔毛，裂片呈披针形；花冠淡黄色，喉部有紫色斑纹；花药蓝紫色或黄色。宿萼呈卵球状，薄纸质，种子呈盘状。花期5—7月，果期7—12月。

图4-47　苦蘵

【分布范围】我国辽宁、河北、河南、山东、甘肃、安徽、浙江、江西、湖北、湖南、福建、四川、广东、广西、海南、台湾、贵州、云南、西藏有分布。

【引入路径及扩散途径】无意引进，通过混杂在粮食中传入。通过作物种子、货物和交通工具携带传播。

【发生生境及危害】生于农田等土壤肥沃、疏松处。为旱地、宅旁的主要杂草之一，危害玉米、棉花、大豆等作物。也发生于路旁和荒野。

【防治措施】化学防除，如在玉米田可用莠去津、烟嘧磺隆，大豆田可用乙羧氟草醚、氟磺胺草醚，棉花田可用乙氧氟草醚防除；同时应加强检验检疫。

48. 曼陀罗

【学名】*Datura stramonium* L.。

【别名】枫茄花、狗核桃、万桃花。

【分类地位】茄科曼陀罗属。

【形态及生物学特征】一年生热带草本植物，叶呈广卵形，边缘具不规则波状浅齿裂；花单生于枝杈间或叶腋，直立，有短梗；花萼是筒状裂片三角形，颜色为白色或淡紫色；果实为蒴果卵状，淡黄色；曼陀罗花期6—10月。

【分布范围】我国全国均有分布。原产墨西哥。

【引入路径及扩散途径】作为观赏植物或药用植物引入，首先在沿海地区种植，再传播到内地。

【发生生境及危害】常生于路旁、宅旁等土壤肥沃、疏松处。曼陀罗全草有毒，以果实特别是种子毒性最大，嫩叶次之，干叶的毒性比鲜叶小。曼陀罗中毒，一般在食后半小时，最快20 min出

图4-48　曼陀罗

现症状，最迟不超过3 h，症状多在24 h内消失或基本消失，严重者在24 h后进入昏睡、痉挛、紫绀，最后昏迷死亡。

【防治措施】化学防除可利用草甘膦等。严格监管作为观赏植物引种栽培。检疫部门应加强对货物、运输工具等携带曼陀罗子实的监控。

49. 毛曼陀罗

【学名】*Datura innoxia* Mill.。

【别名】凤茄花、串筋花。

【分类地位】茄科曼陀罗属。

【形态及生物学特征】一年生直立草本或半灌木状植物。株高1～2 m，全体密被细腺毛和短柔毛。茎下部灰白色，分枝灰绿色或微带紫色；叶片广卵形，基部不对称近圆形，全缘而微波状或有不规则的疏齿；花单生于枝杈间或叶腋，花萼圆筒状而不具棱角，裂片狭三角

图4-49　毛曼陀罗

形，花后宿存部分随果实增大而渐大呈五角形；蒴果近球状或卵球状；花果期6—9月。

【分布范围】原产美国、墨西哥。我国辽宁、河北、北京、河南、山东、甘肃、

新疆、江苏、上海、湖北有分布。

【引入路径及扩散途径】作为观赏植物引入，首先在华北地区种植，再传播到内地。

【发生生境及危害】常生于路旁、宅旁等土壤肥沃、疏松处。对牲畜有毒。

【防治措施】化学防除可利用草甘膦等。严格监管作为观赏植物引种栽培。检疫部门应加强对货物、运输工具等携带毛曼陀罗子实的监控。

50. 小酸浆

【学名】*Physalis minima* L.。

【别名】水灯笼、打额泡。

【分类地位】茄科酸浆属。

【形态及生物学特征】一年生草本植物，根细瘦；主轴短缩，顶端多二歧分枝，分枝披散而卧于地上或斜升，生短柔毛。叶柄细弱，长1~1.5 cm。花具细弱的花梗，花梗长约5 mm，生短柔毛；果萼近球状或卵球状，直径1~1.5 cm；果实球状，直径约6 mm。

图4-50　小酸浆

【分布范围】原产北美洲。我国分布于江苏、福建、广东、海南、广西、陕西、贵州、云南、河北、四川、江西、浙江、湖北、湖南、吉林、上海、天津、内蒙古。

【引入路径及扩散途径】无意引进，随农作活动传播扩散。

【发生生境及危害】农田、林缘、草坪和荒地。常见杂草，为云南烟草丛顶病的主要中间寄主，使得烟草丛顶病在田间易于越冬，造成防治上的困难，因此对发病烟株往往造成减产，从而造成经济损失。也是小麦田、花生田主要杂草。

【防治措施】路边和果园可用草甘膦防除。在玉米、大豆等秋熟旱作物田，在播前氟乐灵土壤处理，或在玉米田间可以用除草剂2甲4氯、烟嘧磺隆等茎叶处理，大豆田间则可用三氟羧草醚、氟磺胺草醚以及乙羧氟草醚茎叶处理。

51. 野胡萝卜

【学名】*Daucus carota* L.。

【别名】鹤虱草、假胡萝卜。

【分类地位】伞形科胡萝卜属。

【形态及生物学特征】二年生草本植物，高可达120 cm。茎单生，全体有白色粗硬毛。基生叶薄膜质，叶片长圆形，二至三回羽状全裂，末回裂片线形或披针形，顶端尖锐，有小尖头，茎生叶近无柄，有叶鞘，末回裂片小或细长。复伞形花序，花序梗有糙硬毛；总苞有多数苞片，呈叶状，羽状分裂，裂片线形，花通常白色，有时带淡红色；花柄不等长，果实圆卵形，5—7月开花。

图4-51　野胡萝卜

【分布范围】原产欧洲。我国黑龙江、吉林、辽宁、内蒙古、河北、北京、天津、山西、陕西、河南、山东、甘肃、宁夏、新疆、青海、江苏、上海、安徽、浙江、江西、湖北、湖南、福建、广东、重庆、四川、贵州、云南、广西、西藏等地有分布。

【引入路径及扩散途径】无意引进，可能随作物种子或通过人或货物携带引入。

【发生生境及危害】无刺生长于山坡路旁、旷野或田间。野胡萝卜为果、桑、茶园主要杂草之一。也广泛发生于路旁和荒野，密度很大，影响景观。其具有化感潜力，抑制生境中其他植物生长，影响生物多样性。

【防治措施】化学防除可利用草甘膦等用于非耕地，2甲4氯等麦田防除。检疫部门应加强对货物、运输工具等携带野胡萝卜子实的监控。

52. 细叶旱芹

【学名】*Cyclospermum leptophyllum*（Pers.）Sprague ex Britton & P. Wilson。

【别名】茴香芹、细叶芹。

【分类地位】伞形科芹属。

【形态及生物学特征】一年生草本植物。茎多分枝光滑，根生叶有柄，基部边缘略扩大成膜质叶鞘，叶片轮廓呈长圆形至长圆状卵形，裂片线形至丝状；复伞形花序顶生或腋生，通常无梗或少有短梗，无总苞片和小总苞片，花柄不等长，花丝短于花瓣，花药近圆形，花柱基扁压；果实圆心脏形或圆卵形；花期5月，果期6—7月。

【分布范围】原产欧洲。我国河北、山东、安徽、江苏、上海、浙江、福建、广东、广西、重庆、海南。

【引入路径及扩散途径】无意引进，种子混入进口农产品或种子中入境。

【发生生境及危害】无刺生长于田野荒地、路旁、草坪、荒地。常见的农田、草坪、园圃等杂草，影响作物的正常生长。还可能成为多种病菌及害虫的寄主与传染源。

图4-52　细叶旱芹

【防治措施】精选种子。另可用氯氟吡氧乙酸、灭草松等除草剂防除。

53.香附子

【学名】*Cyperus rotundus* L.。

【别名】莎草、香附、香头草。

【分类地位】莎草科莎草属。

【形态及生物学特征】多年生草本。茎梢细、基部块茎状；叶稍多、平展、棕色；花小穗斜展，线形、小穗轴为白色透明较宽的翅，卵形或长圆状卵形，中间绿色、两侧紫红或红棕色；花柱细长呈三棱状，果鳞片稍密覆瓦状排列。花期5—11月。

图4-53　香附子

【分布范围】产于我国陕西、甘肃、山西、河南、河北、山东、江苏、浙江、江西、安徽、云南、贵州、四川、福建、广东、广西、台湾等地。

【引入路径及扩散途径】人工栽培。

【发生生境及危害】生长于山坡荒地草丛中或水边潮湿处。香附子是一种恶性农业害草，但香附子的地下根茎具有很高的药用价值。

【防治措施】严禁引种，化学防除可用内吸传导性选择性除草剂或灭生性除草剂。

54. 垂序商陆

【学名】*Phytolacca americana* L.。

【别名】十蕊商陆、美商陆、美洲商陆、美国商陆、洋商陆、见肿消。

【分类地位】商陆科商陆属。

【形态及生物学特征】多年生草本，高1~2 m。根粗壮，肥大，倒圆锥形。茎直立，圆柱形，有时带紫红色。叶片椭圆状卵形或

图4-54 垂序商陆

卵状披针形，长9~18 cm，宽5~10 cm，顶端急尖，基部楔形；叶柄长1~4 cm。总状花序顶生或侧生；花白色，微带红晕。果序下垂；浆果扁球形，熟时紫黑色；种子肾圆形，直径约3 mm。花期6—8月，果期8—10月。

【分布范围】原产北美洲，现世界各地引种和归化。在我国各地广泛逸生。现主要分布于北京、天津、河北、山西、辽宁、上海、江苏、浙江、安徽、福建、江西、山东、河南、湖北、湖南、广东、广西、重庆、四川、贵州、云南、陕西、甘肃、新疆、台湾、香港。

【引入路径及扩散途径】作为药用植物引入栽培。

【发生生境及危害】环境适应性强，生长迅速，可与其他植物竞争养分。该种具有较为肥大的肉质直根，消耗土壤肥力。全株有毒，根及果实毒性最强，对人和牲畜有毒害作用，由于其根酷似人参，常被人误做人参服用，人取食后会造成腹泻。

【防治措施】严控和监管引种种植。宜在结果前挖除，结果后应及时割除地上部分，阻止鸟类啄食传播。

55. 北美独行菜

【学名】*Lepidium virginicum* L.。

【别名】辣椒菜、辣椒根、小白浆、星星菜。

【分类地位】十字花科独行菜属。

【形态及生物学特征】一年生或二年生草本植物。高可达50 cm，茎单一，分枝，被柱状腺毛；基生叶倒披针形，羽状分裂或大头羽裂，裂片长圆形或卵形；总状花序顶生，萼片椭圆形；种子卵圆形；花期4—6月，果期5—9月。

【分布范围】原产北美洲。我国分布于黑龙江、吉林、辽宁、陕西、甘肃、云南、山东、河南、安徽、江苏、江西、浙江、福建、广东、宁夏、四川、重庆、青海、新疆、贵州、西藏。

【引入路径及扩散途径】无意引进，引种或国际旅行带入。

【发生生境及危害】多生长于干燥地方、田边或荒地，为田间杂草。其通

图4-55　北美独行菜

过养分竞争、空间竞争和化感作用，影响作物的正常生长，造成减产。另外，北美独行菜也是棉蚜、麦蚜及甘蓝霜霉病和白菜病毒病等的中间寄主，有利于这些病虫害的越冬。

【防治措施】深翻耕地是减少农田中该种数量的有效方法之一，也可通过短时积水，降低它的生活力与竞争力。用化学方法防治时，常用苯磺隆、乳氟禾草灵、莠去津、嗪草酮、溴苯腈等除草剂，幼苗时化学防治效果较好。

56. 密花独行菜

【学名】*Lepidium densiflorum* Schrad.。

【分类地位】十字花科独行菜属。

【形态及生物学特征】一年生草本。茎单一，直立，上部分枝，具疏生柱状短柔毛。基生叶长圆形或椭圆形，顶端急尖，基部渐狭，羽状分裂，边缘有不规则深锯齿；茎下部及中部叶长圆披针形或线形，边缘有不规则缺刻状尖锯齿，有短叶柄；茎上部叶线形，边缘疏生锯齿或近全缘，近无柄；所有叶片正面无毛，背面有短柔毛。总状花序有多数密生花，果期伸长；无花瓣或花瓣退化成丝状，远短于萼片；雄蕊2。短角果圆状倒卵形，顶端圆钝，有翅，无毛。种子卵形，黄褐色，有不明显窄翅。花期5—6月，果期6—7月。

图4-56　密花独行菜

【分布范围】原产北美洲。我国黑龙江、辽宁、山东、江西、福建、湖南、贵州、湖北、甘肃、吉林有分布。

【引入路径及扩散途径】可能经由农作物引种或货物、旅行等裹挟无意引进到东北地区。

【发生生境及危害】生于海滨、沙地、田边、路旁。路埂和草坪的一般性杂草。

【防治措施】氯氟吡氧乙酸、2甲4氯化学防除。

57. 荠

【学名】*Capsella bursa-pastoris*（L.）Medik.。

【别名】荠菜。

【分类地位】十字花科荠属。

【形态及生物学特征】一年或二年生草本。全体通常无毛，茎呈直立状态；基部生长叶片呈莲座状，基部小叶呈较长的羽毛状；花序顶生及腋生，小花的花柄等长，花瓣呈白色的卵形；果实呈倒三角形或心状三角形；花果期在4—6月。

【分布范围】全世界温带地区广布。国内几乎遍布全国，野生，偶有栽培。

图4-57　荠

【引入路径及扩散途径】野生。

【发生生境及危害】生在山坡、田边及路旁。

【防治措施】开花前拔除，或2甲4氯等化学防除。

58. 灰绿藜

【学名】*Oxybasis glauca*（L.）S. Fuentes，Uotila & Borsch。

【分类地位】苋科市藜属。

【形态及生物学特征】一年生草本植物，高可达40 cm。茎平卧或外倾，具条棱及绿色或紫红色色条。叶片矩圆状卵形至披针形，肥厚，先端急尖或钝，基部渐狭，边缘具缺刻状牙齿，上面无粉，平滑，下面有粉而呈灰白色，有稍带紫红色；中脉明显，黄绿色；花两性兼有雌性，通常数花聚成团伞花序，再于分枝上排列成有间断而通常短于叶的穗状或圆锥状花序；花被裂片浅绿色，稍肥厚，通常无粉，狭矩圆形或倒卵状披针形，花丝不伸出花被，花药球形；果皮膜质，黄白色。种子扁球形，5—10月开花结果。

【分布范围】广布于南北半球的温带。根据现有标本和资料，我国除台湾、福建、江西、广东、广西、贵州、云南外，其他各地均有分布。

图4-58 灰绿藜

【引入路径及扩散途径】无意引进。

【发生生境及危害】生于农田、菜园、村房、水边等有轻度盐碱的土壤上。

【防治措施】开花前拔除。化学除草剂防除，或利用覆盖、遮光等原理，用塑料薄膜覆盖或播种其他作物（或草种）等方法进行除草。

59. 小藜

【学名】*Chenopodium ficifolium* Sm.。

【别名】灰灰菜、小灰菜。

【分类地位】藜科藜属。

【形态及生物学特征】一年生草本植物，茎直立，具条棱及绿色色条；叶片卵状矩圆形，通常三浅裂；中裂片两边近平行，先端钝或急尖并具短尖头，边缘具深波状锯齿；侧裂片位于中部以下；花两性，数个团集，排列于上部的枝上形成较开展的顶生圆锥状花序；花被近球形，裂片宽卵形，不开展，

图4-59 小藜

背面具微纵隆脊并有密粉；胞果包在花被内，果皮与种子贴生；种子双凸镜状，黑色，有光泽，边缘微钝，表面具六角形细洼；胚环形；4—5月开始开花。

【分布范围】我国除西藏未见标本外，全国各省区市都有分布。

【引入路径及扩散途径】无意引进。

【发生生境及危害】为普通田间杂草，有时也生于荒地、道旁、垃圾堆等处。与作物争夺阳光、养分、水分等，也是病虫害的传播者，会造成农作物不同程度的减产。杂草具有强大的繁殖能力，顽强的适应能力，生长发育快，种类多，传播

途径广,容易蔓延和产生危害。

【防治措施】开花前拔除。化学除草剂防除,或利用覆盖、遮光等原理,用塑料薄膜覆盖或播种其他作物(或草种)等方法进行除草。

60. 杂配藜

【学名】*Chenopodiastrum hybridum*(L.)S. Fuentes,Uotila & Borsch。

【别名】大叶藜、血见愁。

【分类地位】藜科麻叶藜属。

【形态及生物学特征】一年生草本。茎直立,具淡黄色或紫色条棱,基部通常不分枝或分枝极少,上部少量分枝,无粉或枝上稍有粉;叶片宽卵形至卵状三角形,无粉或稍有粉;花两性兼有雌性,数个团集于分枝上排列成疏散的圆锥花序;背面具纵隆脊;胞果双凸镜状;种子横生,较大,黑色,无光泽,表面有明显的深洼点或呈凹凸不平;花果期7—9月。

图4-60 杂配藜

【分布范围】原产欧洲及西亚,现广布于北半球温带及夏威夷群岛。我国分布于黑龙江、吉林、辽宁、内蒙古、河北、北京、山东、浙江、陕西、山西、宁夏、甘肃、湖北、四川、重庆、云南、青海、西藏、新疆。

【引入路径及扩散途径】无意引进。

【发生生境及危害】生于林缘、山坡灌丛、沟沿、旷野、荒地。为最常见的农业、园艺和蔬菜作物田地中的杂草之一。在农田中与作物竞争水源,降低产量;幼苗可做家畜饲料,但大量食用会引起猪羊等硝酸盐中毒。

【防治措施】开花前拔除。由于该种种子有休眠的特性,在整个生长季都可发芽生长,因此必须反复铲除。大多数除草剂对该种都有效,但有些群体对三嗪(triazine)类除草剂有抗性。

61. 反枝苋

【学名】*Amaranthus retroflexus* L.。

【别名】西风谷。

【分类地位】苋科苋属。

【形态及生物学特征】一年生草本植物。株高达1 m；茎密被柔毛；叶菱状卵形或椭圆状卵形，先端锐尖或尖凹，两面及边缘被柔毛，背面毛较密；穗状圆锥花序，顶生花穗较侧生者长；花被片长圆形或长圆状倒卵形，雄蕊较花被片稍长；胞果扁卵形，包在宿存花被片内；种子近球形；花期7—8月；果期8—9月。

图4-61　反枝苋

【分布范围】原产美洲，现主要分布于安徽、北京、甘肃、广东、广西、贵州、河北、河南、黑龙江、湖北、湖南、吉林、江苏、江西、辽宁、内蒙古、宁夏、青海、山东、山西、陕西、上海、四川、台湾、天津、西藏（芒康）、新疆、云南、浙江、重庆。

【引入路径及扩散途径】有意引进，人工引种，然后随人类活动扩散。

【发生生境及危害】农田、路边或荒地。主要危害棉花、豆类、瓜类、薯类、蔬菜等多种旱作物。该植物可富集硝酸盐，家畜过量食用后会引起中毒。此外，反枝苋还是桃蚜、黄瓜花叶病毒、小地老虎、美国牧草盲蝽、欧洲玉米螟等的田间寄主。

【防治措施】物理防治：结果前拔除。化学防治：防除效果良好，如莠去津、乙草胺、烟嘧磺隆等作用于玉米地化学防除；乙羧氟草醚、氟磺胺草醚用于大豆田除草；敌草隆、噁草酮用于棉花地除草。

62. 皱果苋

【学名】*Amaranthus viridis* L.。

【别名】绿苋。

【分类地位】苋科苋属。

【形态及生物学特征】一年生草本植物。茎直立，有不明显棱角，稍有分枝，绿色或带紫色，单叶互生，叶片卵形或卵状长圆形；穗状花序组成顶生圆锥状花序，苞片及小苞片披针形；胞果扁球形；种子近球形；花期

图4-62　皱果苋

6—8月，果期8—10月。

【分布范围】原产热带非洲，广泛分布在两半球的温带、亚热带和热带地区。在我国分布于黑龙江、吉林、辽宁、北京、内蒙古、甘肃、陕西、云南、山西、河北、山东、河南、安徽、江苏、江西、浙江、福建、广西、海南、广东、台湾。

【引入路径及扩散途径】无意引进，人工引种时带入，然后随人类活动扩散。

【发生生境及危害】生于旷野、荒地、河岸、山坡，或为田园杂草。为菜地和秋旱作物田间杂草，还可沿道路侵入自然生态系统。

【防治措施】精选种子，化学防治，在结果前拔除。

63. 凹头苋

【学名】*Amaranthus blitum* L.。

【别名】凹叶苋菜、野苋。

【分类地位】苋科苋属。

【形态及生物学特征】一年生草本。茎伏卧而上升，淡绿色或紫红色。叶片卵形或菱状卵形，顶端凹缺，有1芒尖。花成腋生花簇，生在茎端和枝端者成直立穗状花序或圆锥花序；花被片矩圆形或披针形，淡绿色。胞果扁卵球形，不裂，微皱缩而近平滑；种子棕色至黑色，扁平。花果期7—12月。

图4-63 凹头苋

【分布范围】原产于热带美洲，我国除内蒙古、宁夏、青海、西藏外，全国广泛分布。

【引入路径及扩散途径】无意引进，然后随人类活动扩散。

【发生生境及危害】多生于农田、地埂、路边、荒地和湿润的地方。为常见杂草，大量生长可危害玉米、大豆等多种作物的生长。

【防治措施】幼苗期可人工拔除。

64. 北美苋

【学名】*Amaranthus blitoides* S. Watson。

【别名】垫苋。

【分类地位】苋科苋属。

【形态及生物学特征】一年生草本。茎大部分伏卧，从基部分枝，绿白色，全体无毛或近无毛。叶片密生，倒卵形、匙形至矩圆状倒披针形，顶端圆钝或急尖，具细凸尖，基部楔形，全缘；环状横裂，上面带淡红色，近平滑，比最长花被片短。种子卵形，直径约1.5 mm，黑色，稍有光泽。花期8—9月，果期9—10月。

【分布范围】原产北美洲。我国辽宁、黑龙江、河北、内蒙古、湖北、上海、山西、安徽、山东有分布。

图4-64　北美苋

【引入路径及扩散途径】随货物、旅客无意引入到辽宁和河北。随农作、交通工具等人类活动扩散。

【发生生境及危害】田野、路旁及荒地，常在贫瘠干旱的沙质土壤上生长。侵入秋熟旱作物田及菜园危害，发生量较小。

【防治措施】零星生长可拔除，成片生长采用化学防治。

65. 长芒苋

【学名】*Amaranthus palmeri* S.Watson。

【分类地位】苋科苋属。

【形态及生物学特征】一年生草本植物，株高可达300 cm，浅绿色，茎直立，粗壮，叶片无毛，卵形至菱状卵形，叶基部楔形，叶柄长，纤细。雌雄异株。穗状花序，直立或略弯曲，花序生于叶腋者较短，苞片钻状披针形，雄花花被片极不等长，长圆形，雄蕊短于内轮花被片。雌花花被片稍反曲，花被片匙形，花果近球形，果皮膜质。花果期6—11月。

图4-65　长芒苋

【分布范围】原产美国西南部，现广布北美洲、欧洲和亚洲。国内现主要分布于北京、天津、河北、辽宁、江苏、山东。

【引入路径及扩散途径】随进口粮油、货物、行李等裹挟偶然带入。

【发生生境及危害】该种适应性强，常生于河岸低地、旷野、村落边及耕地中，产种量很大，竞争力强，易形成优势群落，威胁当地生物多样性。作为一种旱地杂草，植株高大，与农作物争夺水、肥、光照和生存空间，危害农田和果园，也可侵入湿地。植株富集亚硝酸盐，牲畜过量采食后会引起中毒。

【防治措施】在结果前进行人工拔除，或幼苗期至生长期进行化学防除。加强检疫，防止其种子夹杂在农作物种子中播种到农田里。

66. 绿穗苋

【学名】*Amaranthus hybridus* L.。

【分类地位】苋科苋属。

【形态及生物学特征】一年生草本植物。绿穗苋茎分枝，上部近弯曲，被柔毛；叶卵形或菱状卵形；穗状圆锥花序顶生，细长，有分枝，中间花穗最长；胞果卵形；种子近球形，黑色。花期7—8月，果期9—10月。

【分布范围】原产北美洲。我国分布于陕西（南部）、河南、安徽、江苏、浙江、江西、湖南、湖北、四川、贵州。

图4-66　绿穗苋

【引入路径及扩散途径】可能随引种作物或旅行裹挟带入。随人类活动扩散。

【发生生境及危害】生在路边、荒地、山坡、果园、旱地，海拔400～1 100 m。常于果园危害，有时侵入旱地。是一般性的路埂杂草。该种对乙酰乳酸合成酶抑制剂类除草剂具有一定的抗性。

【防治措施】在结果前拔除，成片可用化学防除。

67. 合被苋

【学名】*Amaranthus polygonoides* L.。

【别名】泰山苋。

【分类地位】苋科苋属。

【形态及生物学特征】一年生草本植物。茎直立或斜升，绿白色，下部有时淡紫红色，通常多分枝，被短柔毛，基部变无毛。叶卵形、倒卵形或椭圆状披针形，先端微凹或圆形，基部楔形，上面中央常横生一条白色斑带，干后不显，无毛。花簇腋生，总梗极短，花单性，雌雄花混生；苞片及小苞片披针形。胞果不裂，长圆形，略长于花被，上部微皱。种子双凸镜状，红褐色且有光泽。

【分布范围】原产加勒比海岛屿，美国（南部至西南部）、墨西哥（东北部及尤卡坦半岛）。我国分布于山东、北京、安徽、广西。

【引入路径及扩散途径】无意传入，随引种作物、货物运输或旅行裹挟带入。经由货物、旅行的行李和人畜携带传播扩散。

图4-67　合被苋

【发生生境及危害】生长在海拔500 m以下的路边、荒地、宅边、田园。旱作地和草坪杂草，常随作物种子、带土苗木和草皮扩散，蔓延速度快。

【防治措施】在结果前拔除。或草甘膦、2甲4氯、氯氟吡氧乙酸等化学除草剂防除。

68. 圆叶牵牛

【学名】*Ipomoea purpurea*（L.）Roth。

【别名】喇叭花、紫花牵牛。

【分类地位】旋花科番薯属。

【形态及生物学特征】一年生缠绕草本植物。叶片圆心形或宽卵状心形，基部圆，心形，顶端锐尖、骤尖或渐尖，两面疏或密被刚伏毛；花腋生，着生于花序梗顶端成伞形聚伞花序，花序梗比叶柄短或近等长，苞片线形，萼片渐尖，花冠漏斗状，紫红色、红色或白色，花冠管通常白色，花丝基部被柔毛；子房无毛，柱头头状；花盘环状。蒴果近球形，种子卵状三棱形，黑褐色或米黄色，被极短的糠秕状毛。5—10月开花，8—11月结果。

图4-68　圆叶牵牛

【分布范围】原产南美洲,现分布于我国安徽、北京、福建、甘肃、广东、广西、贵州、海南、河北、河南、湖北、湖南、吉林、江苏、江西、辽宁、内蒙古、宁夏、青海、山东、山西、陕西、上海、四川、台湾、天津、西藏、香港、新疆、黑龙江、云南、浙江、重庆。

【引入路径及扩散途径】有意引进,栽培供观赏,逸为野生。

【发生生境及危害】田边、路旁、河谷、平原、山谷、旱田、果园及苗圃杂草,可缠绕和覆盖其他植物,导致后者生长不良。

【防治措施】可在幼苗期人工铲除,也可在结果前刈割灭除。化学防除用2甲4氯,可使圆叶牵牛种子不能萌发,幼苗致死,叶片喷洒可杀灭圆叶牵牛成熟植株。

69. 牵牛

【学名】*Ipomoea nil* (L.) Roth。

【分类地位】旋花科番薯属。

【种群建立状况】已建立种群。

【形态及生物学特征】一年生攀缘草本植物。茎细长缠绕,具刺毛;叶心状卵形,裂片达中部或超过中部,先端裂片卵形,基部向中脉凹入或不凹入,被硬毛,掌状叶脉;花序腋生,总花梗被长柔毛,苞片披针形,萼片宽披针形,先端向外反卷,基部被柔毛,花冠漏斗状,天蓝色或淡紫色,花冠筒常白色;蒴果球形;种子三棱形微皱。花果期6—10月。

图4-69 牵牛

【分布范围】原产美洲,我国分布于内蒙古、北京、河北、山西、陕西、河南、山东、安徽、江苏、上海、浙江、江西、湖北、湖南、福建、广东、广西、海南、台湾、四川、重庆、贵州、云南。

【引入路径及扩散途径】人工引种,作为观赏植物引种栽培,而后逸为野生。

【发生生境及危害】生于田边、路旁、河谷、宅院、果园、山坡、苗圃,可缠绕和覆盖其他植物,导致后者生长不良。

【可能扩散的区域】全国均有可能扩散。

【防治措施】控制引种在空旷生境。发现逸生植株,应在开花期间彻底清除。

第二节 滨州市主要农业外来入侵病虫识别与防治

1. 美国白蛾

【学名】*Hyphantria cunea*（Drury）。

【别名】秋幕毛虫、秋幕蛾、美国白灯蛾、色狼虫（幼虫）。

【分类地位】灯蛾科白蛾属。

【生物学特征】雄虫翅展23～35 mm，雌虫翅展33～45 mm；头部密被白色长毛，雄虫触角双栉齿状，雌虫触角锯齿状；复眼大而突出，黑色，有单眼；前翅纯白色，雄虫斑纹变异大，从无斑到有多数的暗褐色斑，雌虫无斑或斑点较少。

图4-70 美国白蛾

【分布范围】1980年美国白蛾扩散到辽宁省的宽甸、东沟、凤城、本溪、岫岩、庄河等九个县市。而后又传播到陕西、北京、天津、上海、大连、秦皇岛、北戴河、烟台、威海、青岛等省市，呈现出从北部逐渐向中部地区扩散的趋势。有学者曾用MaxEnt软件分析出美国白蛾在我国的潜在分布区，主要分布在黑龙江大部、吉林、辽宁、北京、河北、天津、山东、江苏、安徽大部、河南、内蒙古东部、湖北东北部、山西大部以及陕西中东部地区。

【入侵生境】园林、经济林、农田防护林等。

【扩散途径】通过人类活动和运载工具传播。

【危害】美国白蛾是典型的多食性害虫，可取食危害绝大多数阔叶树以及灌木、花卉、蔬菜、农作物、杂草等，对园林树木、经济林、农田防护林等造成严重的危害，在中国的寄主植物多达49科108属175种。喜食树种包括橡树、黄栌、大红槭、白麻、山胡桃、大红槭、红橡木、法国梧桐、泡桐、白蜡、臭椿、核桃、杨树、柳树、榆树、桑树、樱花、女贞、紫荆、刺槐、梨、板栗、南瓜、苹果、桃、李、杏、白菜、萝卜、菜豆等。

【控制措施】检疫：强化对疫区林产品的检疫。人工防治：卵期可用人工摘除的方法；幼虫可采取人工剪除网幕并就地销毁的方式进行防治；蛹期可用麦秸、谷草等在树干1～1.5 m高处围成下紧上松的草把，诱集老熟幼虫在其中化蛹，并集中销毁；成虫可进行人工捕杀。物理防治：利用美国白蛾成虫的趋光性、以黑光灯进行成虫诱杀，以减少成虫交尾和产卵。在成虫期，于距地面2～3 m高处悬挂杀虫灯，每天从19时至次日6时开灯诱杀美国白蛾成虫。生物防治：利用天敌、微生物或仿生药剂防治美国白蛾。

2. 烟粉虱

【学名】*Bemisia tabaci*（Gennadius）。

【别名】小白蛾、银叶粉虱、烟草粉虱。

【分类地位】粉虱科小粉虱属。

【生物学特征】烟粉虱属渐变态昆虫，其个体发育分卵、若虫、成虫3个阶段。卵光泽，呈长梨形，初产时为淡黄绿色，孵化前颜色慢慢加深至深褐色。若虫体周围有蜡质短毛，尾部有2根长毛。蛹壳椭圆形，有时边缘凹入；亚缘区不与背盘区分开，缘齿不规则。成虫体淡黄色，翅白色无斑点，密被白色蜡粉。跗节2爪，中垫狭长如叶片。雌虫尾部尖形，雄虫呈钳状。成虫寿命10～22 d，最长的可达1个月以上。

图4-71　烟粉虱

【分布范围】境外分布于南美洲、欧洲、非洲、亚洲、大洋洲的很多国家和地区。我国河北、天津、山东、北京、山西、广东、广西、海南、福建、云南、上海、浙江、江西、湖北、四川、陕西、台湾、新疆、安徽、贵州等地有分布。

【入侵生境】保护地、农田。

【扩散途径】成虫可随气流远距离传播，各虫态都能随寄主植物的繁殖材料和切花传播。

【危害】烟粉虱食性杂，寄主广泛，危害严重时可造成绝收。在北京，据调查，烟粉虱对黄瓜、番茄、茄子、甜瓜和西葫芦的危害损失，严重时可达七成以上。

【控制措施】农业防治：选用无虫苗；培育壮苗；大棚内避免黄瓜、番茄、西葫芦混栽。物理防治：在温室设置黄板，利用烟粉虱对黄色的强烈趋性而诱杀。生物防治：保护或释放天敌，寄生性天敌恩蚜小蜂属、浆角蚜小蜂属；捕食性天敌瓢虫、草蛉和花蝽等；虫生真菌伪青霉、轮枝菌和座壳孢菌等。化学防治：该虫具有多食性，并对许多农药产生抗性，使其难以防治；初发时可用吡虫啉、呋虫胺、噻嗪酮、甲氨基阿维菌素苯甲酸盐每3~5 d喷1次，连续防治2~3次；在虫口密度高时，可交替使用噻虫嗪、联苯菊酯隔5~7 d防1次，连续防治2~3次。

3. 西花蓟马

【学名】*Frankliniella occidentalis*（Pergande）。

【别名】苜蓿蓟马。

【分类地位】缨翅目蓟马科。

【生物学特征】有触角8节，第2节顶点简单，第3节突起或轻微扭曲。身体颜色从红黄到棕褐，腹部黄色，通常有灰色边缘。腹部第8节有梳状毛。头、胸两侧常有灰斑。眼前刚毛和眼后刚毛等长；前缘和后角刚毛发育完全，几等长。翅发育完全，边缘有灰色至黑色缨毛；在翅折叠时，可在腹中部下端形成1条黑线，翅上有2列刚毛。冬天的种群体色较深。卵长约2 mm，白色，多肾形。若虫黄色，眼浅红。雄成虫体长0.9~1.1 mm；雌成虫略大1.3~1.4 mm。

【分布范围】境外分布于美洲的加拿大、美国、墨西哥、哥斯达黎加、哥伦比亚，欧洲的比利时、丹麦、芬兰、法国、德国、匈牙利、爱尔兰、意大利、荷兰、挪威、波兰、葡萄牙、西班牙、瑞典、瑞士、英国、塞浦路斯，亚洲的日本、朝鲜、以色列，非洲的肯尼亚、南非，大洋洲的新西兰等。我国北京、山东、云南、贵州、浙江、湖南等地有分布。

图4-72　西花蓟马

【入侵生境】菜地、花卉圃、果园。

【扩散途径】种苗、花卉及其他农产品的调运，尤其是切花运输及人工携带是其远距离传播的主要方式，该害虫易随风飘散，易随衣服、运输工具等携带近距离传播。

【危害】该虫常年对作物造成的损失为30%～50%，而严重年份可导致作物绝产绝收。据报道美国夏威夷曾因该虫危害导致番茄减产50%～90%，在英国温室造成黄瓜产量损失90%，在加拿大造成大面积的油桃毁种或改种。

【控制措施】检疫：普查和专业检验结合，禁止从疫区调运蔬菜、花卉、苗木，保护广大非疫区。农业防治：合理间作；清除大棚、田间杂草、残留植株、落叶等，集中烧毁或深埋；深翻和勤浇水，杀灭成虫、若虫。物理防治：悬挂蓝色粘板或用茴香醛、烟碱乙酸酯和苯甲醛混合后制成粘板，诱杀成虫减少产卵与危害；采用近紫外线不能穿透的特殊塑料膜做棚膜抑制害虫增殖与危害；夏季休耕期进行高温闷棚；采用烟碱乙酸酯和苯甲醛混合制成的诱芯诱杀成虫；在大棚、温室周围设置防虫网。生态调控：大棚中种植马鞭草属植物，诱集西花蓟马，保护作物。生物防治：在害虫发生初期，释放小花蝽、捕食螨、寄生蜂等天敌；施用金龟子绿僵菌、球孢白僵菌等杀虫微生物；施用生物源杀虫剂印楝素、阿维菌素、多杀霉素等。化学防治：用烟草、石灰水喷雾；用辣椒水喷雾；用毒死蜱、辛硫磷、灭幼脲、吡丙醚、氟虫脲等喷雾防治。

4.二斑叶螨

【学名】*Tetranychus urticae* Koch。

【别名】白蜘蛛。

【分类地位】叶螨科叶螨属。

【生物学特征】以成螨、卵、若螨3种形态存在。雌螨体形椭圆，深红色或锈红色；体背两侧各有一对黑斑，须肢端感器长约2倍于宽；口针鞘前端钝圆，中央无凹陷；气门沟末端呈"U"形弯曲，后半体背表皮纹构成菱形图，肤纹突呈三角形至半圆形；雄螨背面观略呈菱形，比雌螨小；体色淡黄色，须肢跗节的端感器细长，背感器稍短于端感器，刺状毛比锤突长；卵球形，浅黄色，孵化前略红。

图4-73 二斑叶螨

【分布范围】世界各国均有分布。

【入侵生境】菜地、果园、花卉圃。

【扩散途径】主要随寄主植物特别是花卉苗木的调运而远距离传播，也可凭借风力、流水、昆虫、鸟兽、人畜、各种农机具等近距离传播。

【危害】该虫在鲁西南苹果产区危害日益严重，一般减产11.3%～13.6%，高的达29.8%；也危害板栗产区，部分栗园发生相当严重。

【控制措施】农业防治：在早春、秋末清洁田园，在4月中、下旬后，待杂草上的二斑叶螨种群主要为卵和幼螨时，及时清除杂草，消灭其上的虫体，可减少迁移的害虫数量；加强土肥水管理，不偏施氮肥，增加作物的抵抗力。生物防治：保护利用天敌，尽量避免滥用农药杀伤天敌；可投放捕食螨、捕食性蓟马、小花蝽、食螨瓢虫等天敌；可施用球孢白僵菌等杀虫菌；或施用阿维菌素等生物源杀虫制剂。化学防治：可选用三唑锡、唑螨酯、哒螨灵、虫螨腈、甲氰菊酯、喹螨醚等喷雾防治。

5. 番茄潜叶蛾

【学名】*Tuta absoluta*（Meyrick）。

【别名】番茄麦蛾、番茄潜麦蛾、南美番茄潜叶蛾。

【分类地位】鳞翅目麦蛾科。

【生物学特征】成虫体长6～7 mm，翅展8～10 mm，体色为浅灰色或灰褐色，鳞片银灰色；触角丝状；下唇须发达，向上翘弯；足细长；触角、下唇须和足均具有灰白色与暗褐色相间的横纹。幼虫分为4个龄期。初孵幼虫为奶白色或淡黄白色，头部为淡棕黄色，体长0.4~0.6 mm；2龄幼虫淡绿色或淡黄白色；3龄和4龄幼虫绿色，或背部淡粉红色（依取食的寄主部位及发生时期变化），头部棕黄色，前胸背板棕黄色，后缘具有棕褐色斑纹。

【分布范围】境外分布于南美洲、欧洲、非洲、亚洲等各国。我国内蒙古、河北、北京、山东、宁夏、新疆、云南、广西、贵州、重庆、四川、江西、湖南等地有分布。

图4-74 番茄潜叶蛾

【入侵生境】保护菜地。

【扩散途径】远距离传播主要借助农产品的贸易活动，尤其是番茄的跨境跨区域运输，传播载体包括来自疫区/发生区的番茄果实、集装箱/装货箱和包装物/填充物及其运输工具、番茄或茄子的种苗，以及茄科花卉的种苗等；中短距离扩散，主要是通过气流等自然因素。

【危害】该虫是对番茄产业具有毁灭性危害的世界性入侵害虫，发生严重时，导致番茄减产80%~100%，被称为番茄上的"埃博拉病毒"。

【控制措施】农业防治：施用腐植酸肥料、降低氮肥施用量以增强番茄防御能力；与非茄科蔬菜轮作。生物防治：释放捕食性天敌烟盲蝽及寄生性天敌（绒茧蜂和短管赤眼蜂）；喷雾使用苏云金杆菌、球孢白僵菌、金龟子绿僵菌。物理防治：蓝色诱捕器+性诱芯诱杀；14目防虫网阻隔；温室中使用诱虫灯。化学防治：注意药剂的合理轮换使用，在番茄潜叶蛾发生期，可使用阿维菌素、四唑虫酰胺、甲氨基阿维菌素苯甲酸盐、乙基多杀菌素、虫螨腈、阿维·氯虫苯甲酰胺喷雾防治。

6. 美洲斑潜蝇

【学名】*Liriomyza sativae* Blanchard。

【分类地位】潜蝇科斑潜蝇属。

【生物学特征】成虫体长1.3~2.3 mm，浅灰黑色，胸背板亮黑色，体腹面黄色，雌虫体比雄虫大。幼虫蛆状，初无色，后变为浅橙黄色至橙黄色，长约3 mm，后气门突呈圆锥状突起，顶端三分叉，各具1开口。

【分布范围】境外分布于北美洲和加勒比地区、南美洲、大洋洲、非洲、亚洲的许多国家和地区。我国除青海、西藏和黑龙江以外均有不同程度的分布。

【入侵生境】保护地、花卉圃。

【扩散途径】主要随寄主植物的叶片、茎蔓的调运远距离传播,切花也可传带该虫扩散。

【危害】对菜豆、黄瓜、番茄、甜菜、辣椒、芹菜等蔬菜作物造成较大危害,一般减产达25%左右,严重的可减产80%,甚至绝收。

图4-75 美洲斑潜蝇

【控制措施】农业防治:合理安排茬口;适时灌水和深耕;堆沤有虫枝叶。物理防治:夏季换茬时高温闷棚,使棚内温度达50℃以上,持续2周左右;冬季低温处理,让地面裸露1~2周;黄板诱杀,利用橙黄色的黄板涂上粘虫胶或机油。生物防治:保护或释放天敌,寄生性天敌有芙新姬小蜂、反颚茧蜂、潜蝇茧蜂;杀虫细菌有苏云金杆菌、短稳杆菌。化学防治:在幼虫2龄前(虫道很小时),可选用灭蝇胺、毒死蜱、杀螟丹、杀虫双喷雾防治,不同药剂单剂交替使用,避免使害虫抗药性增加。

7. 南美斑潜蝇

【学名】*Liriomyza huidobrensis*(Blanchard)。

【分类地位】潜蝇科斑潜蝇属。

【生物学特征】南美斑潜蝇成虫翅长1.7~2.25 mm。中室较大,M3+4末端长为次生端长2~2.5倍。额明显突出于眼,橙黄色,上眶稍暗,内外顶鬃着生处暗色,上眶鬃2对,下眶鬃2对,颊长为眼高的1/3,中胸背板黑色稍亮。后角具黄斑,背中鬃2+1,中鬃散生呈不规则4行,中侧片下方1/2~3/4甚至大部分黑色,仅上方黄色。足基节黄色具黑纹,腿节基本黄色但具黑色条纹直到几乎全黑色,胫节、跗节棕黑色。幼虫体白色,后气门突具6~9个气孔开口。雄性外生殖器:端阳体与骨化强的中阳体前部体之间以膜相连,呈空隙状,中间后段几乎透明。精泵黑褐色,柄短,叶片小,背针突具1齿。蛹初期呈黄色,逐渐加深直至呈深褐色,比美洲斑潜蝇颜色深且体形大。后气门突起与幼虫相似。

【分布范围】 最早发现于中美洲与南美洲，1980年代之后，扩散分布于北美洲（美国加州）。近年已蔓延到欧洲和亚洲。1994年我国随引进花卉该虫进入云南昆明，从花卉圃场蔓延至农田。现分布于云南、贵州、四川、青海、山东、河北、北京等地。

【入侵生境】 菜地、花卉圃。

【扩散途径】 卵和幼虫随寄主植物切条、切花、叶菜、带叶的瓜果、豆菜，以及作物为瓜果铺垫填充包装物的叶片或蛹随盆栽植株、土壤、交通工具等作远距离传播。

【危害】 一旦发生危害，苗期受害严重，无法生产，甚至造成毁苗重播，受害的叶子枯黄脱落，严重影响蔬菜、花卉及经济作物烤烟等的生产乃至造成毁产。

图4-76 南美斑潜蝇

【控制措施】 检疫：严格检疫调运苗木，防止向其他地区蔓延。农业防治：合理间作；及时清理田间或大棚内的落叶；深翻耕灌水灭虫。物理防治：在温室或大棚中黄板诱杀成虫；人工摘除带虫叶片销毁；保护地冷冻或闷棚灭虫。生物防治：保护或释放天敌，寄生性天敌有潜蝇姬小蜂、潜蝇茧蜂；植物源有印楝素、藜芦碱。化学防治：在幼虫2龄前（于初见虫道时），可选用灭蝇胺、杀虫单、阿维菌素、噻虫胺、溴氰虫酰胺、高效氯氰菊酯、乙基多杀菌素、阿维·杀虫单、噻虫·灭蝇胺、呋虫胺·灭蝇胺、阿维·高氯等喷雾防治，不同药剂单剂交替使用，避免使害虫抗药性增加。

8.腐烂茎线虫

【学名】*Ditylenchus destructor* Thorne。

【别名】马铃薯茎线虫、马铃薯腐烂线虫、甘薯茎线虫。

【分类地位】粒科茎线虫属。

【生物学特征】雌虫虫体线形，热杀死后虫体略向腹面弯，侧线6条。头部低平、略缢缩，口针有明显的基部球，中食道球纺锤形、有瓣，后食道腺短覆盖肠的背面（偶尔缢缩）。单卵巢、前伸，尾圆锥形，通常腹弯，端圆。雄虫体前部形态和尾形似雌虫。交合刺伞伸到尾部的50%～90%，交合刺长24～27 μm。腐烂茎线虫发育和繁殖温度为5～34℃，最适温度为20～27℃，当温度在15～20℃，相对

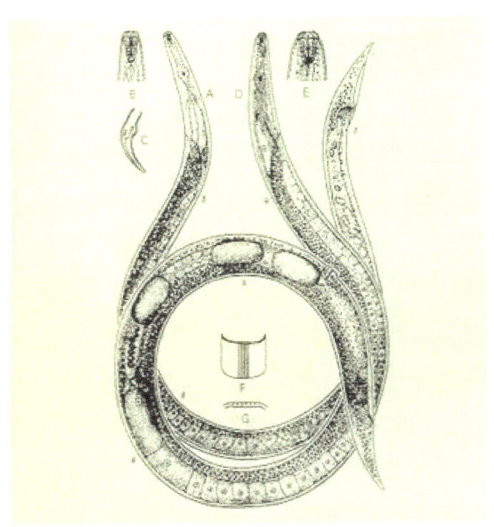

图4-77　腐烂茎线虫

湿度为80%～100%时，腐烂茎线虫对马铃薯的危害最严重。

【典型症状】马铃薯受害后，薯块表皮下产生小的白色斑点，以后斑点逐渐扩大并变成淡褐色，组织软化以致中心变空，病害严重时，表皮开裂、皱缩，内部组织呈干粉状，颜色变为灰色、暗褐色至黑色。危害甘薯，在苗期，苗茎基白色部出现斑驳，后变为黑色，髓部褐色或紫红色，地上部矮黄、苗稀；茎蔓受害则髓部变白发糠，后变褐色干腐，表皮破裂，蔓短、叶黄，甚至主蔓枯死。一般花卉受侵染是从基部开始，向上延伸到肉质鳞片处，引起组织灰色到黑色坏死，根部变黑，叶片生长不良，叶尖变黄。

【分布范围】境外分布已超过50个国家和地区，包括美国、秘鲁、日本、澳大利亚、新西兰和多个欧洲国家。我国北京、河北、内蒙古、辽宁、山东、河南、陕西、吉林、黑龙江、安徽等地有分布。

【入侵生境】农田、果园、苗圃。

【扩散途径】腐烂茎线虫主要随着被侵染的植物地下器官，如鳞茎、根茎、块茎等以及黏附在这些器官上的土壤进行传播，在田间还可以通过农事操作和水流传播。

【危害】腐烂茎线虫一般发病田块减产20%～50%，重病田块甚至出现绝产。

【控制措施】检疫：最大限度地避免从疫区进口繁殖材料，国内调种应严格遵守检疫规定，一旦发现传带该病的种薯、种苗和相关产品，及时进行销毁处理。农业防治：合理调整作物布局；实行轮作；种植抗性/耐性品种；脱毒种苗。化学防治：施用低毒、低残留农药，可选用噻唑膦、阿维菌素等喷雾防治。

9. 番茄黄化曲叶病毒

【学名】*Tomato yellow leaf curl virus*（TYLCV）。

【分类地位】双生病毒科菜豆金色花叶病毒属。

【典型症状】番茄植株生长初期比较容易感染番茄黄化曲叶病毒病，主要症状是植株上的叶片变小，顶端的叶片边缘会轻微发黄并且上卷，叶脉间的叶肉也会发黄，整片叶萎缩、褶皱，植株生长得非常慢或者是不再生长，节间缩短，明显矮化，仅为正常株的1/2～2/3。已长大植株发病的主要症状是叶脉变成紫色，叶片增厚变硬或者变成焦枯，新长出的叶片会出现黄绿不均匀的斑点，

图4-78　番茄黄化曲叶病毒侵染盛果期番茄叶片症状

有凹凸不平的皱缩或者变形，严重时叶片会萎缩，即使到最后生长至成熟植株，也不会正常开花结果。但是如果开花后又感染了黄化曲叶病毒，结果的数量也会减少，果实变小产生畸形，不能正常变色成熟。

【分布范围】境外分布于非洲、中东、澳大利亚、美洲的中部和南部以及亚洲的南部等热带和亚热带地区。我国北京、天津、山东、台湾、广西、云南、上海、浙江、辽宁、江苏、湖北、四川、新疆等地有分布。

【入侵生境】菜地。

【扩散途径】烟粉虱是唯一的传播媒介，各种生物型的烟粉虱均可传播。机械摩擦和种子不传毒，但嫁接可导致病毒传播。

【危害】发病地段不严重的番茄将减产20%～30%，发病比较严重的番茄可减产50%，甚至颗粒无收，对番茄种植业造成严重的影响，给农民生产造成巨大的经

济损失。

【控制措施】检疫：采取严格的检疫根除措施。农业防治：选择种植抗病或耐病的优质品种；加强对田间的管理，培育优质壮苗移栽定植前一定要彻底清理棚内外杂草及残留的植株；使用磷酸三钠、甲醛等对棚室进行全面消毒；在番茄生长期间清除老死的枝叶，一旦发现有病的马上拔除，带出田间和棚外埋在地下或销毁；实行轮作换茬，相对发病严重的地区要和至少不是茄科的作物进行3年以上的轮作。物理防治：设置隔离网防虫，在棚室入口和通风口设置30～40目防虫网，减轻烟粉虱的侵入；利用黄板、黄盆诱杀烟粉虱成虫。生物防治：保护或释放天敌，寄生性天敌如丽蚜小蜂；捕食性天敌如小黑瓢虫；生物源杀虫制剂如阿维菌素。化学防治：几种药剂混合起来同时使用，可选用噻嗪酮、吡虫啉喷雾防治；或用芸苔素内酯、赤·吲乙·芸苔、氨基寡糖素等激活植株自身免疫力。

10. 番茄细菌性溃疡病菌

【学名】*Clavibacter michiganensis* subsp. *michiganensis*（Cmm）。

【别名】番茄溃疡病菌。

【分类地位】微杆菌科棒形杆菌属。

【典型症状】一些感病茄科杂草是该病原菌的永久侵染源。幼苗期至结果期均可发病，主要症状表现为：叶片坏死、茎秆开裂、溃疡、植株整株枯死等，大田定植后造成缺株断垄。病菌可通过维管束侵入果实，造成果实皱缩、畸形，由外部侵染果实引起"鸟眼状"斑点，影响番茄的产量和质量，危害十分严重。

图4-79　番茄细菌性溃疡病菌危害番茄大棚

【分布范围】境外分布于北美洲、欧洲、亚洲、非洲、大洋洲，涵盖了美国、英国、加拿大、德国、日本等60多个国家。我国内蒙古、北京、河北、河南、山东、黑龙江、吉林、辽宁、新疆、上海、海南、重庆、湖北、贵州等地有分布。

【入侵生境】菜地。

【扩散途径】主要随寄主植物特别是花卉苗木的调运而远距离传播，也可凭借风力、流水、昆虫、鸟兽、人畜、各种农机具等近距离传播。

【危害】病害一旦发生就较难防治，轻者减产20%～30%，重者减产80%以上。

【控制措施】检疫：加强检疫，严防带菌种苗进入无病区。农业防治：选育抗病品种；选择无病留种田；夏天高温季节进行闷棚；田间管理及时摘除下部的老、黄、病叶，拔除病株和附近的植株，将病残体集中焚烧或深埋，并对病穴和周围的土壤消毒；合理轮作与非茄科植物轮作2年以上；改善栽培条件及时排除田间积水。物理防治：种子处理，播种前温汤浸种，在38℃热水中浸泡5 min使种子预热，然后在53~55℃的条件下浸泡20~25 min不断搅拌，也可用醋酸浸种24 h，或选用次氯酸钠溶液浸种20 min。生物防治：用枯草芽孢杆菌、荧光假单胞杆菌灌根，春雷霉素灌根或叶面喷雾。化学防治：发病初期及时施药，常用的喷雾药剂有络氨铜、噻菌铜、氢氧化铜、琥胶肥酸铜等。

11. 黄瓜绿斑驳花叶病毒

【学名】*Cucumber green mottle mosaic virus*（CGMMV）。

【分类地位】帚状病毒科烟草花叶病毒属。

【典型症状】CGMMV侵染植物产生的症状因寄主、环境条件及株系的不同而有差异，一般会使葫芦科作物的植株生长缓慢、矮化，结果延迟，严重的导致不孕；叶片出现色斑、水疱及变形；果实外部通常没有症状或出现色斑，内部果肉往往出现变色、纤维化及腐烂；有的病株不出现症状而表现为无症侵染。

图4-80 黄瓜绿斑驳花叶病毒侵染黄瓜叶片症状

【分布范围】境外分布在英国、德国、丹麦、俄罗斯、印度、日本、韩国、希腊、罗马尼亚、匈牙利、保加利亚、捷克、巴西、爱尔兰、摩尔多瓦、瑞典、芬兰、波兰等国。我国河北、北京、山东、台湾、辽宁、甘肃、新疆、广东、广西、湖北、浙江、安徽等地有分布。

【入侵生境】菜地、瓜果地。

【扩散途径】带毒种子是病毒远距离传播的主要侵染源。介体、受污染的器具/机械汁液和被病残体污染的土壤等也能传毒。传毒介体有黄瓜叶甲、桃蚜和甜菜蚜等。

【危害】病毒在葫芦科作物上频繁发生，一旦被黄瓜绿斑驳花叶病毒危害，损失非常严重，一般会造成产量损失15%～30%，严重的会达到60%以上，甚至绝收。

【控制措施】检疫：采取严格的检疫根除措施，包括销毁发病的瓜类植物及产品，严格禁止带毒种苗调入调出，对被污染的土壤、物品、运输工具、农具、旧薄膜、绳子等进行彻底消毒。农业防治：轮作倒茬，种植葫芦科作物要与非葫芦科植物实行轮作倒茬3年以上；农事操作，对手和工具用脱脂奶粉·磷酸三钠、酒精或肥皂水消毒防止人为交叉感染和传播病毒；田间管理，避免大水漫灌和氮肥过量，发现病株应拔除，清除病植株、果实、茎叶及残枝落叶，带到田外焚烧或深埋处理。物理防治：种子处理，在播种前3 d将种子浸入55～60℃的温水搅拌浸种15～30 min或磷酸三钠溶液浸种20～30 min。化学防治：土壤消毒，对育苗地和已发病的地块做好棚室的土壤消毒处理，可供选择药剂种类有氯化苦、熟石灰、氰氨化钙等。

12.十字花科黑斑病菌

【学名】*Alternaria brassicicola*（Schweinitz）Wiltshire。

【别名】丁香假单胞菌。

【分类地位】假单胞菌科假单胞菌属。

【典型症状】病菌主要危害甘蓝的叶片，受害多从外叶开始，初为水渍状小点，后渐扩大发展为褐色至黑色小点，在潮湿气候条件下病斑5～30 mm的圆形，有明显同心轮纹，病斑周围出现黄色晕圈，发病后期病斑上长出黑色霉状物，即病菌的分生孢子梗和

图4-81 十字花科黑斑病菌侵染

分生孢子；病害严重时，病斑密布全叶，使叶片枯黄致死。

【分布范围】境外遍布世界各国。我国甘蓝种植区均有分布。

【入侵生境】农田、菜地。

【扩散途径】病菌主要靠雨水、气流和农事操作在田间传播。

【危害】病菌发病率30%左右，严重时达100%，可严重影响甘蓝的产量和质量。

【控制措施】农业防治：增施基肥，增强寄主抗病力，注意氮、磷、钾配合，避免缺肥；及时摘除病叶，减少菌源；与非十字花科作物隔年轮作。化学防治：播种前可用福美双或异菌脲拌种；发病初期可喷洒异菌脲、百菌清、三唑酮·多菌灵、三唑酮·福美双、甲基硫菌灵·乙霉威、腐霉利、代森锰锌或春雷霉素，间隔7~10 d喷1次，连喷2~3次。

13. 烟草环斑病毒

【学名】*Tobacco ringspot virus*（TRSV）。

【别名】烟草环斑病毒病。

【分类地位】豇豆花叶病毒科线虫传多面体病毒属。

【典型症状】烟草环斑病毒（TRSV）感染大豆最明显症状是病株顶芽卷曲，其他芽变褐色并且脆弱；在茎和复叶叶柄上产生褐色条纹；豆荚发育不良，甚至不生长而死亡；侵染前结的荚上产生暗色斑。大豆花期或花前感染TRSV，病株重量也减轻，种子成熟延缓，产量显著下降。病株种子还有较高比例的紫着色现象。大豆田间病株常晚熟，健株衰老黄化时病株仍为绿色，在健株成熟期可以通过1 000 m高空航空摄影检测疫情发生区。TRSV在烟草上产生环斑，病斑常由断续的坏死线局限起来，呈粉白色或棕色单环或双环，直径5~8 mm，与病斑相邻组织褪绿，有时形成一个晕圈。幼叶和正在成熟的叶上易产生病斑，而老叶上很少产生。

图4-82 烟草环斑病毒侵染烟草叶片

【分布范围】境外分布于美国、加拿大、捷克、匈牙利、立陶宛、波兰、罗马尼亚、俄罗斯、塞尔维亚、黑山、乌克兰、英国、印度、印尼、伊朗、日本、朝鲜、吉尔吉斯斯坦、阿曼、沙特阿拉伯、斯里兰卡、土耳其、刚果（布）、埃及、马拉维、摩洛哥、尼日利亚、古巴、多米尼加、加拿大、墨西哥、阿根廷、巴西、秘鲁、乌拉圭、澳大利亚、新西兰、巴布亚新几内亚等国。我国分布于山东、河南、安徽、辽宁、黑龙江、云南、贵州、福建、湖南、湖北、陕西、台湾等地。

【入侵生境】农田、菜地。

【扩散途径】可通过种子传播、嫁接、机械接种、媒介传播。美洲剑线虫是主要传播媒介。蓟马的若虫、螨、桃蚜、烟草叶甲、叶蝉等也可以传毒。

【危害】自然寄主范围广泛，病毒侵染造成的损失非常严重，大豆产量损失50%以上，菜豆减产30%~50%，茄子可达55%~70%。

【控制措施】检疫：加强检疫，推行种苗检疫证书制度，防止病苗扩散。农业防治：采用无毒的繁殖材料，使用经检测证明为无毒的种子和幼苗；选育和使用抗病、免疫品种；轮作；除草。物理防治：覆盖银灰地膜以及喷增抗剂等阻止昆虫媒介迁入农田。化学防治：当线虫媒介被检测出就要在种植前用杀线剂防治，可选用噻唑膦、阿维菌素；治蚜、治螨、治蝉，可选用吡虫啉、虫螨腈、噻虫嗪。

第三节 滨州市农业外来入侵物种防控对策与建议

第一，完善法规和政策措施：制定专门的外来物种入侵防控法规和政策措施，明确管理责任，建立完备的外来入侵物种调查监测、风险评估、清除控制等管理制度体系。

第二，强化预警与防控：建立外来入侵物种的预警系统，及时发现并跟踪潜在的外来入侵物种，分析其传播途径和风险，采取有效的防控措施。同时，加强对外来物种的监测和调查，了解其分布、数量、危害程度等情况，为防控工作提供科学依据。

第三，加强口岸和边境防控：加强口岸和边境地区的外来物种防控工作，严防境外动植物疫情疫病和外来物种传入。加大对运输工具、快递邮件、跨境电商及走私等监管及查验力度，有效堵截外来物种非法入境渠道。

第四，推广生物防治：积极推广生物防治技术，利用天敌、寄生性昆虫等生物资源，对外来入侵物种进行自然控制。同时，加强生物防治技术的研究和开发，提高防治效果。

第五，加强公众教育和宣传：加强对外来入侵物种的宣传和教育，提高公众对生物多样性保护的认识和意识。鼓励公众积极参与外来入侵物种的防控工作，形成全社会共同参与的良好氛围。

第六，建立信息共享机制：建立外来入侵物种信息共享机制，加强部门间、地区间的信息交流和合作，实现资源共享和协同防控。

第七，加强科研和技术支持：加强对外来入侵物种的研究和技术支持，开展风险评估、监测预警、防治技术等方面的研究，为防控工作提供科学依据和技术支撑。

总之，外来入侵物种的防控需要全社会的共同努力和参与，通过完善法规和政策措施、强化预警与防控、加强口岸和边境防控、推广生物防治、加强公众教育和宣传、建立信息共享机制以及加强科研和技术支持等多方面的措施，共同维护生物多样性和生态系统的稳定性。

附录(彩图)

《滨州市农业外来入侵物种发生与防治》

《滨州市农业外来入侵物种发生与防治》

附录1 滨州市重点农业外来入侵物种分布图
附录2 滨州市主要农业外来入侵物种图鉴

附录（彩图）

附录 1　滨州市重点农业外来入侵物种分布图

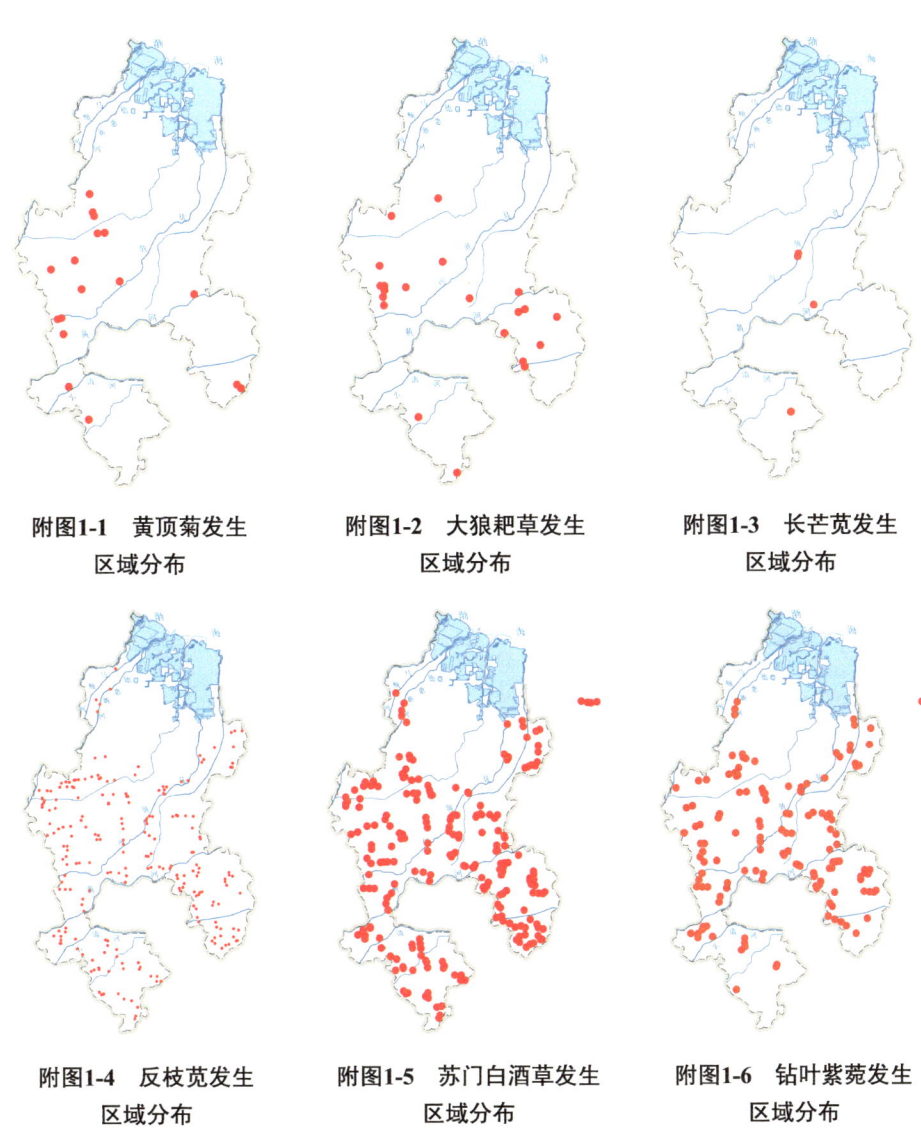

附图1-1　黄顶菊发生区域分布

附图1-2　大狼耙草发生区域分布

附图1-3　长芒苋发生区域分布

附图1-4　反枝苋发生区域分布

附图1-5　苏门白酒草发生区域分布

附图1-6　钻叶紫菀发生区域分布

滨州市农业外来入侵物种发生与防治

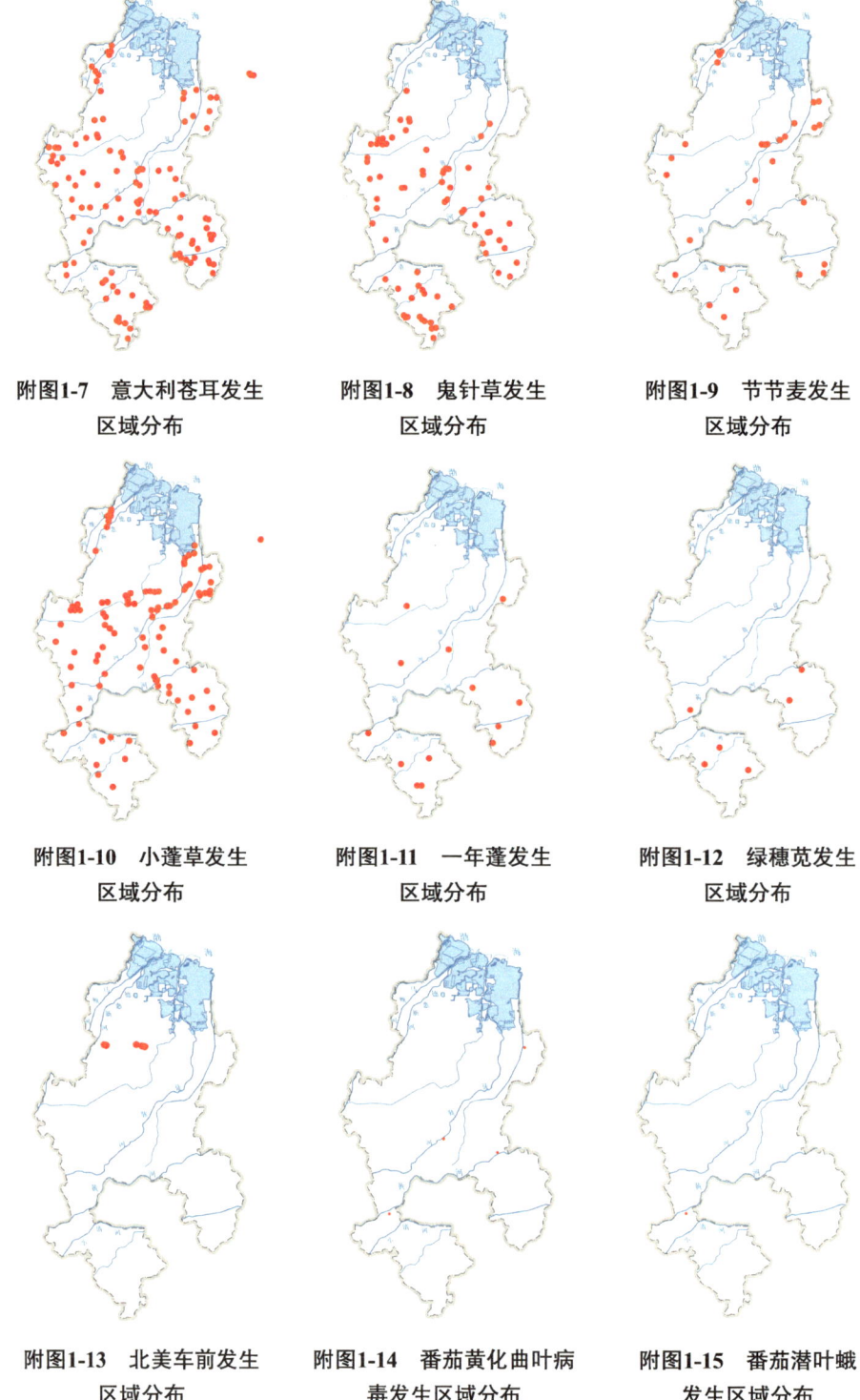

附图1-7 意大利苍耳发生区域分布

附图1-8 鬼针草发生区域分布

附图1-9 节节麦发生区域分布

附图1-10 小蓬草发生区域分布

附图1-11 一年蓬发生区域分布

附图1-12 绿穗苋发生区域分布

附图1-13 北美车前发生区域分布

附图1-14 番茄黄化曲叶病毒发生区域分布

附图1-15 番茄潜叶蛾发生区域分布

附录（彩图）

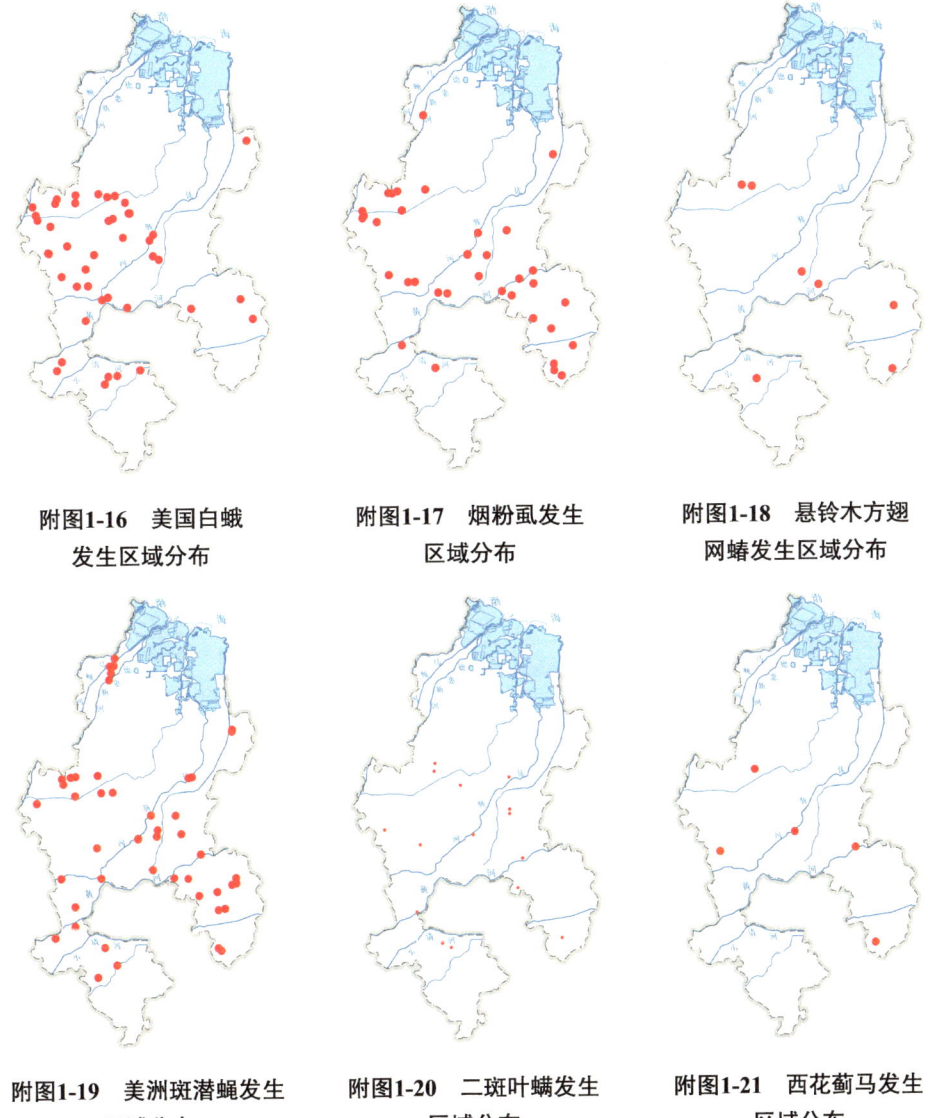

附图1-16　美国白蛾发生区域分布

附图1-17　烟粉虱发生区域分布

附图1-18　悬铃木方翅网蝽发生区域分布

附图1-19　美洲斑潜蝇发生区域分布

附图1-20　二斑叶螨发生区域分布

附图1-21　西花蓟马发生区域分布

附录2　滨州市主要农业外来入侵物种图鉴

1. 北美车前 *Plantago virginica* L.

2. 蓖麻 *Ricinus communis* L.

3. 斑地锦草 *Euphorbia maculata* L.

4. 通奶草 *Euphorbia hypericifolia* L.

5. 齿裂大戟 *Euphorbia dentata* Michx.

6. 大麻 *Cannabis sativa* L.

7. 草木樨 *Melilotus suaveolens* Ledeb.

8. 杂种车轴草 *Trifolium hybridum* L.

9. 白车轴草 *Trifolium repens* L.

10. 红车轴草 *Trifolium pratense* L.

11. 刺槐 *Robinia pseudoacacia* L.

12. 钝叶决明 *Senna obtusifolia*（L.）H. S. Irwin & Barneby

13. 苜蓿 *Medicago sativa* L.

14. 南苜蓿 *Medicago polymorpha* L.

15. 紫穗槐 *Amorpha fruticosa* L.

附录（彩图）

16. 黑麦草 *Lolium perenne* L.

17. 多花黑麦草 *Lolium multiflorum* Lamk.

18. 节节麦 *Aegilops tauschii* Coss.

19. 野燕麦 *Avena fatua* L.

20. 野西瓜苗 *Hibiscus trionum* L.

21. 苘麻 *Abutilon theophrasti* Medikus

22. 多花百日菊 *Zinnia peruviana* L.

23. 意大利苍耳 *Xanthium strumarium subsp. italicum*（Moretti）D. Löve

24. 苏门白酒草 *Erigeron sumatrensis* Retz.

25. 小蓬草 *Erigeron canadensis* L.

26. 一年蓬 *Erigeron annuus*（L.）Pers.

27. 香丝草 *Erigeron bonariensis* L.

28. 鬼针草 *Bidens pilosa* L.

29. 婆婆针 *Bidens bipinnata* L.

30. 大狼耙草 *Bidens frondosa* L.

31. 黄顶菊 *Flaveria bidentis*（L.）Kuntze

32. 藿香蓟 *Ageratum conyzoides* L.

33. 剑叶金鸡菊 *Coreopsis lanceolata* L.

附录(彩图)

34. 大花金鸡菊 *Coreopsis grandiflora* Hogg ex Sweet

35. 钻叶紫菀 *Symphyotrichum subulatum*（Michx.）G. L. Nesom

36. 苦苣菜 *Sonchus oleraceus* L.

37. 续断菊 *Sonchus asper*（L.）Hill

38. 鳢肠 *Eclipta prostrata* （L.）L.

39. 秋英 *Cosmos bipinnatus* Cav.

40. 黄秋英 *Cosmos sulphureus* Cav.

41. 豚草 *Ambrosia artemisiifolia* L.

42. 万寿菊 *Tagetes erecta* L.

43. 菊芋 *Helianthus tuberosus* L.

44. 加拿大一枝黄花 *Solidago canadensis* L.

45. 小酸模 *Rumex acetosella* L.

46. 小花山桃草 *Oenothera curtiflora* W. L. Wagner & Hoch

47. 苦蘵 *Physalis angulata* L.

48. 曼陀罗 *Datura stramonium* L.

49. 毛曼陀罗 *Datura innoxia* Mill.

50. 小酸浆 *Physalis minima* L.

51. 野胡萝卜 *Daucus carota* L.

52. 细叶旱芹 *Cyclospermum leptophyllum*（Pers.）Sprague ex Britton & P. Wilson

53. 香附子 *Cyperus rotundus* L.

54. 垂序商陆 *Phytolacca americana* L.

55. 北美独行菜 *Lepidium virginicum* L.

56. 密花独行菜 *Lepidium densiflorum* Schrad.

57. 荠 *Capsella bursa-pastoris*（L.）Medik.

58. 灰绿藜 *Oxybasis glauca* (L.) S. Fuentes, Uotila & Borsch

59. 小藜 *Chenopodium ficifolium* Sm.

60. 杂配藜 *Chenopodiastrum hybridum* (L.) S. Fuentes, Uotila & Borsch

61. 反枝苋 *Amaranthus retroflexus* L.

62. 皱果苋 *Amaranthus viridis* L.

63. 凹头苋 *Amaranthus blitum* L.

附录（彩图）

64. 北美苋 *Amaranthus blitoides* S. Watson

65. 长芒苋 *Amaranthus palmeri* S. Watson

66. 绿穗苋 *Amaranthus hybridus* L.

67. 合被苋 *Amaranthus polygonoides* L.

68. 圆叶牵牛 *Ipomoea purpurea*（L.）Roth

69. 牵牛 *Ipomoea nil*（L.）Roth

70. 美国白蛾 *Hyphantria cunea*（Drury）

71. 烟粉虱 *Bemisia tabaci*（Gennadius）

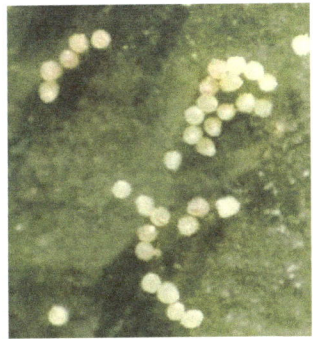

72. 西花蓟马 *Frankliniella occidentalis*（Pergande）

73. 二斑叶螨 *Tetranychus urticae* Koch

74. 番茄潜叶蛾 *Tuta absoluta*（Meyrick）

75. 美洲斑潜蝇 *Liriomyza sativae* Blanchard

76. 南美斑潜蝇 *Liriomyza huidobrensis*（Blanchard）

77. 腐烂茎线虫 *Ditylenchus destructor* Thorne

78. 番茄黄化曲叶病毒 *Tomato yellow leaf curl virus*（TYLCV）

79. 番茄细菌性溃疡病菌 *Clavibacter michiganensis* subsp. *michiganensis*（Cmm）

80. 黄瓜绿斑驳花叶病毒 *Cucumber green mottle mosaic virus*（CGMMV）

81. 十字花科黑斑病菌 *Alternaria brassicicola*（Schweinitz）Wiltshire

82. 烟草环斑病毒 *Tobacco ringspot virus*（TRSV）